滑坡抗滑桩嵌固机理
与优化控制

李长冬　唐辉明　等　著

科 学 出 版 社

北 京

内 容 简 介

滑坡是我国最主要的地质灾害类型之一，滑坡防治研究是当前工程地质领域的热点和难点问题。作为滑坡防治领域广泛应用的主要抗滑结构措施，抗滑桩在复合多层地层滑坡中的嵌固机理研究尚不够系统和深入。本书重点选取三峡库区侏罗系软硬相间地层为研究对象，综合采用野外调查、原位测试和室内试验等手段，研究软硬相间地层结构与力学参数的劣化规律；建立软硬相间地层地质力学模型，采用物理模型试验、数值试验和理论分析等方法，研究软硬相间地层滑坡抗滑桩嵌固机理，提出软硬相间地层滑坡抗滑桩优化设计方法，开展相关工程应用研究。研究成果对滑坡防治工程具有一定的理论意义与工程应用价值。

本书可供工程勘察设计行业、地质灾害行业的工程师、科技工作者和相关专业学生等参考。

图书在版编目（CIP）数据

滑坡抗滑桩嵌固机理与优化控制 / 李长冬等著.—北京:科学出版社，2020.11
ISBN 978-7-03-065946-0

Ⅰ.① 滑⋯ Ⅱ.① 李⋯ Ⅲ. ① 滑坡-抗滑桩-研究 Ⅳ. ① P642.22

中国版本图书馆 CIP 数据核字（2020）第 161713 号

责任编辑：何　念/责任校对：高　嵘
责任印制：彭　超/封面设计：图阅盛世

科学出版社 出版

北京东黄城根北街 16 号
邮政编码：100717
http://www.sciencep.com

武汉精一佳印刷有限公司印刷
科学出版社发行　各地新华书店经销
*
开本：787×1092　1/16
2020 年 11 月第 一 版　印张：13
2020 年 11 月第一次印刷　字数：308 000
定价：158.00 元
（如有印装质量问题，我社负责调换）

前 言 Foreword

我国的山区面积约占全国陆地面积的 2/3，山区人口约占全国总人口的 1/2，各类山地地质灾害数量多、分布广、危害大，尤其以滑坡地质灾害为甚，造成了重大的人员伤亡和经济损失，是制约我国广大山区社会和经济发展的重要难题之一。软硬相间地层结构在我国广泛分布，是典型的易滑地层，在不利因素组合作用条件下，较易形成滑坡地质灾害密集发育区，因此开展考虑不利因素作用条件下软硬相间地层滑坡多发区地质灾害的有效防控迫在眉睫。在滑坡地质灾害的防治方法中，抗滑桩长期作为主要抗滑结构措施广泛应用于滑坡治理工程中，但理论研究严重滞后于工程实践，尤其是复杂多层地层等特殊地质条件下滑坡与抗滑桩相互作用机理仍有待深入研究。

鉴于此，本书以软硬相间地层广泛发育的三峡库区秭归盆地为主要研究区，基于大量现场调查和原位测试等方法，研究秭归盆地区域的滑坡分布规律及其成因机制；基于岩体地质环境和结构特征，研究考虑水致劣化与结构特征的岩体参数量化表征方法；利用自主研发的物理模型试验装置和数值模拟方法，揭示双层、三层和含正交节理软硬相间地层的抗滑桩嵌固机理；基于软硬相间地层中抗滑桩受力和变形计算方法，将桩顶位移作为抗滑桩变形失效判定指标，提出抗滑桩合理嵌固深度的确定方法，分析上部硬岩厚度、硬岩地基系数、下部软岩地基系数及滑坡推力对抗滑桩嵌固比的影响，并以马家沟滑坡为例验证软硬相间地层中抗滑桩的合理嵌固深度；采用简化的双圆弧模型，推导抗滑桩设计推力和滑坡的剩余推力的计算公式，建立软硬相间地层中桩位的优化模型；最后，提出复杂滑坡推力条件下滑坡推力的计算方法，建立非规则滑坡推力条件下滑坡抗滑桩不等间距布桩模型，开展相关工程应用研究。研究成果对滑坡地质灾害防治具有一定的理论意义与工程应用价值。

本书共分为 7 章，第 1 章由李长冬、唐辉明、付智勇、姚文敏撰写，第 2 章由李长冬、唐辉明、张永权撰写，第 3 章由姚文敏、李长冬、陈凤撰写，第 4 章由李长冬、唐辉明、刘涛撰写，第 5 章由李长冬、吴军杰、刘涛撰写，第 6 章由唐辉明、李长冬、王晓毅撰写，第 7 章由李长冬、刘文强撰写，最后由李长冬统稿。

本书是国家重点研发计划项目（2018YFC1507200）、国家重点研发计划课题（2017YFC1501304）和国家自然科学基金优秀青年科学基金项目（41922055）共同资助的研究成果。本书在撰写过程中得到了许多相关单位和专家的大力支持，陈文强、王妍、于越、王盈、张海宽、龙晶晶、姜茜慧、闫盛熠、贺鑫等参与了图件和文字整理工作，在此一并致谢。

由于作者学识水平有限，书中的疏漏在所难免，敬请广大读者批评指正。

作 者

2020 年 4 月

目 录 Contents

第 1 章

三峡库区秭归盆地滑坡成因机制与分布规律

1.1 秭归盆地自然地理与地质环境概况

受地质构造、地形地貌、水文气象和人类工程活动等多种因素影响,三峡库区发育了大量的滑坡地质灾害,影响库区人民生命财产和交通安全。据不完全统计,为了开展三峡库区地质灾害防治,仅 2001~2012 年政府部门就投入了 120 亿元用于治理三峡库区滑坡地质灾害。秭归盆地是三峡库区滑坡最为易发的区域之一,在长江干流及其支流沿岸发育了许多滑坡,如千将坪滑坡、金乐滑坡、白家包滑坡、杉树槽滑坡及树坪滑坡等,其中 2003 年发生的千将坪滑坡导致 24 人死亡和约 5 000 万元的经济损失。相关资料表明,秭归盆地区域约有 9 万户居民和 30 亿元潜在经济财产遭受滑坡地质灾害威胁。因此,开展秭归盆地滑坡地质灾害的分布规律研究对该区域地质灾害防灾减灾工作具有重要意义(Tang et al.,2019)。

1.1.1 地理位置与交通

秭归盆地是以中生代海陆交互相-陆相沉积为主的沉积盆地,其轴向呈近南北向,属向斜构造,其南北向长约 40 km,东西向宽约 30 km。如图 1.1 所示,秭归盆地位于湖北宜昌西部,长江流域中部,西陵峡入峡口。研究区位于东经 110°18′~110°30′,北纬 30°30′~31°18′,总覆盖面积约为 720 km²,距长江三峡水利枢纽工程 30 多千米。其东部与巴东相邻,北部延伸至兴山境内,研究区域大部分位于秭归境内。受三峡水库蓄水影响,区域城镇多分布在河流边缘和山坡空旷区域。研究区总体而言城镇较为稀疏,主要包括水田坝、归州、泄滩、郭家坝、两河口、沙镇溪及屈原。研究区总人口约 37 万人,主要集中在城镇地区。

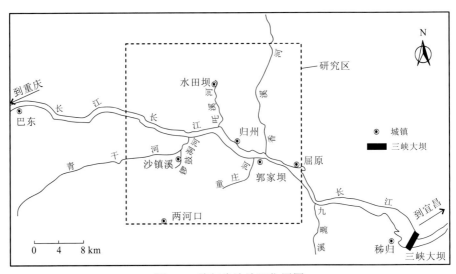

图 1.1 秭归盆地地理位置图

研究区范围内交通便利，公路交通以 G42、G209、S334、S225、S312 为干线，以县道及村级公路为支线，公路交通网基本达到了村村通的规模。从研究区归州到秭归县城约 50 km，到宜昌市城区约 100 km。受水系影响，区域内城镇与城镇的直线交通往往被水系切断，研究区城镇之间陆路交通较为不便。随着三峡水库的蓄水和库区建设的进行，研究区水路交通日益完善，刚建成不久的秭归长江大桥为在研究区开展调查工作提供了交通便利。

1.1.2 地形地貌

秭归盆地位于鄂西褶皱山地，主要为侏罗系砂泥岩组成的构造侵蚀地貌。秭归向斜横穿秭归盆地区域，向斜核部与吒溪河流域近乎重合。核部被河谷深切，核部位置高程较低，两翼位置高程较高。如图 1.2 所示，研究区山体高程为 500～1 400 m，高山与半高山区占研究区总面积的 80%以上。区域最高峰位于研究区南部许家湾和牛家湾中间位置处附近，山顶高程约为 1 315.3 m；北部最高峰位于黄家湾附近，其山顶高程约为 1 100 m；西部最高山为王家山，山顶高程约为 1 223.4 m；东部最高山位于研究区边界附近，山顶高程约为 1 200 m。研究区山体形态近似为条带状，地形坡度为 20°～36°。山体两侧发育低山地貌，为居民活动的主要区域。区域海拔最低处位于研究区边界长江下游出口，距三峡大坝约 22 km。

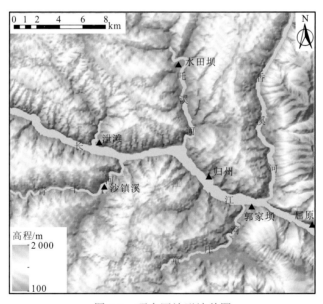

图 1.2 研究区地形地貌图

长江自西向东将研究区分为江南和江北两个部分。江南部分南高北低，江北部分北高南低。随着江水的流动侵蚀，区域形成了侵蚀构造丘陵地貌。区内几乎没有宽广平地，只有零星耕种的小块土体、河间沙地和山地梯田。区内地貌显著受控于地质构造格局，基本符合向斜核部成谷、翼部成山的发育特征。受河流侵蚀影响，区内地貌形成了谷山相间的地貌。区内山脉走向以北东—北南为主，在研究区中部山脉走向由北东转向北南。

1.1.3 气象与水文

秭归盆地处于亚热带季风气候区，气候垂直变化显著。区域内气候具有平均气温高、温和湿润、雨量充沛、四季分明等特点。初春气温回升快，冷空气活跃，常发生倒春寒现象；夏季炎热少雨，湿度较低，伏秋连旱现象时有发生；秋季冷暖空气交替活动，阴雨连绵；冬季暖和少雪，气候舒适。区域多年平均气温为 16～20 ℃，气候宜人，空气平均相对湿度为 75%，光照充足。该地区降雨主要集中在 4～10 月，月平均降雨量为 150～500 mm，多暴雨（图 1.3）；日降雨量达 50～100 mm 的暴雨 4～10 月均有发生，100 mm以上的暴雨主要集中在 6～8 月，年平均频次为 3～4 次。

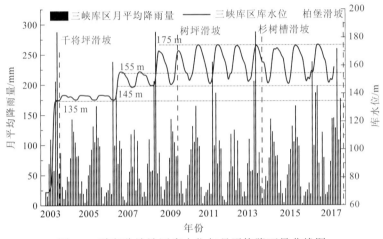

图 1.3　秭归盆地地区库水位与月平均降雨量曲线图

研究区内沟壑交横，有利于地表水和地下水的汇集排泄。长江为研究区内最低排泄基准面，流量充沛。同时，区内发育了香溪河、吒溪河、青干河、童庄河和锣鼓洞河五条河流，均为长江一级支流。香溪河起源于神农架，全长约 33 km，在秭归归州香溪注入长江。香溪河河流特征明显，每年 4 月进入汛期，10 月进入枯水期，夏季洪峰期一般为 2～3 天。吒溪河由水田坝经卡子湾汇入长江。汛期到来时，基本无洪水发生；青干河、锣鼓洞河和童庄河均位于研究区长江南部，青干河自西向东流入沙镇溪，并与由南向北流入的锣鼓洞河交汇，后向北汇入长江；童庄河由南向北，经桐树湾大桥和郭家坝流入长江。区内地表和地下径流受降雨和三峡水库调度作用影响，水位变动较大。由于三峡大坝发电抗洪等功能要求，库水位在 145～175 m 波动。一般情况下，夏季为了满足抗洪需要，库水位较低，约为 145 m；冬季为了达到发电及航运要求，库水位较高，约为 175 m。总体库水位波动幅度达 30 m 左右，如图 1.3 所示（Li et al., 2019a）。

1.1.4 地质构造与地层岩性

秭归盆地形成始于晚三叠世。在印支运动形成的古构造格局基础之上，太平洋板块向欧亚板块俯冲，使得区域发生强烈的褶皱和断裂，最终形成现今的秭归向斜盆地。随着太平洋板块的继续俯冲，秭归盆地的变形活动持续发生。秭归向斜北起兴山南阳河，向南经马家坝、秭归县城旧址等地。整个秭归向斜平缓开阔，纵向长度为 47 km，其轴向总体坡度为 10°～20°（图 1.4）。受新华夏构造体系的干扰和改造，其轴线发生了"S"形变形。核部由侏罗系内陆湖相碎屑岩地层组成，两翼地层岩性主要为侏罗系和三叠系砂泥岩与白云岩。秭归盆地主要由上侏罗统 J_3、中侏罗统 J_2、下侏罗统 J_1 和中下三叠统 T_{1+2} 组成，其地层包括蓬莱镇组、遂宁组、沙溪庙组、泄滩组、聂家山组、香溪组和嘉陵江组。如图 1.4 所示，各部分岩性分别描述如下。

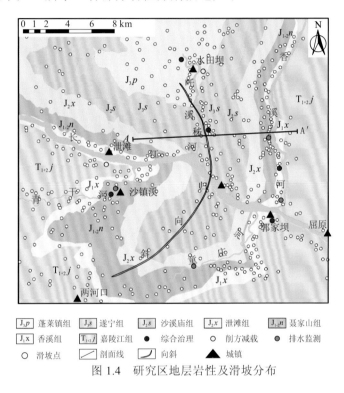

图 1.4　研究区地层岩性及滑坡分布

上侏罗统蓬莱镇组（J_3p）主要由灰白色中厚层长石石英砂岩夹紫红色钙质黏土质粉砂岩组成。上侏罗统遂宁组（J_3s）的主要地层岩性为灰白色中厚层细粒长石石英砂岩、紫红色粉砂质泥岩。中侏罗统泄滩组（J_2x）、沙溪庙组（J_2s）主要为内陆湖相红色砂岩和泥岩，沙溪庙组（J_2s）岩性为紫红色薄-中厚层细砂岩、钙质粉砂岩、粉砂质泥岩与灰白色细粒长石石英砂岩不等厚互层，中上部含钙质、硅质结核，局部地段夹灰岩透镜体，含纤维状石膏；泄滩组岩性为灰绿色细砂岩、粉砂岩及紫红色泥岩、灰质泥岩或薄层灰岩；聂家山组（$J_{1-2}n$）岩性为粉砂质泥岩及泥质粉砂岩、黏土岩。下侏罗统香溪组（J_1x）为内陆湖相含煤、砂页岩，下部为青灰色、黄绿色薄层状砂质泥岩、粉砂岩及碳质页岩夹灰色厚层细至粗砂岩夹煤层，中部为灰色厚层-块状长石石英砂岩夹黑色泥质粉砂岩，含菱铁矿结核，上部为灰色中厚-巨厚层长石石英砂岩及绿灰色泥质粉砂岩夹碳质页岩夹煤层。中下三叠统嘉陵江组（$T_{1+2}j$）岩性主要为灰、黄灰色中厚层状微晶灰岩、白云质灰岩夹角砾状灰岩及灰质白云岩。

　　秭归盆地广泛发育着砂岩、粉砂岩与泥岩、粉砂质泥岩互层的软硬相间结构，且互层厚度不等。如图 1.5 所示，这是一段由于坡脚开挖而暴露新鲜地层的边坡，其地层软硬相间的现象十分明显。软岩部分为粉红色及紫红色泥岩，抗风化能力弱，在多组节理裂隙切割下，岩体较为破碎。单层厚度较薄，整体厚度一般为 20～40 cm。硬岩部分为粉红色砂岩及粉砂岩，抗风化能力强，结构较为完整，呈块状结构，整体厚度为 30～70 cm。

图 1.5　研究区软硬相间地层图

1.1.5　水文地质

　　构造断裂交接部位、背斜轴部、背斜倾末端、夷平面之间、阶地之间、第四系松散堆积层、基岩层面接触带均是地下水富集的场所。研究区内地下水主要包括红层裂隙水和松散岩类孔隙水。红层裂隙水主要分布在研究区侏罗系中。秭归盆地的主要地层岩性为侏罗系砂岩和泥岩。这些砂泥岩中裂隙较为发育，是裂隙水的主要储存场所，但富水性一般较差。侏罗系特殊的软硬相间结构使得该类型地下水具有埋藏分散、浅循环和弱储水特点。该类型地下水的主要补给来源为地表径流和季节性降雨，并就近排泄。松散岩类孔隙水主要分布在松散堆积中。该类型地下水多属于潜水类型，赋存能力较差，主要补给来源为季节性降雨、地表灌溉及邻近的含水层。该类型地下水往往在地形低洼处就近排泄。

1.2　秭归盆地滑坡数据库建立

1.2.1　秭归盆地滑坡调查

　　完整的滑坡数据库建设有利于开展滑坡灾害风险评价和灾后重建工作。为了详细阐述秭归盆地的滑坡分布规律和控制这些滑坡失稳的诱发因素，构建了三峡库区秭归盆地滑坡数据库。通过气象局和自然资源局和规划局（原国土资源局）等单位，搜集到了秭归盆地 372 处原始滑坡灾害数据。基于现场调查、无人机调查及遥感影像解译，新发现了 90 处滑坡。将上述两种数据进行统一,确保了构建的数据库的完整性和代表性(图 1.4)。首先利用从 Google Earth 获取的遥感影像对研究区区域滑坡进行初步的目视解译。受解译人员专业水平和遥感影像精度等限制,所解译出的滑坡不可避免的具有一定的误差。因此,对解译出的滑坡进行了详细的工程地质调查。秭归自然资源局和规划局在每个滑坡体上设置的警告牌为野外调查工作提供了部分补充数据。对秭归盆地重点滑坡进行了详细的无人机调查,获取了研究区域的正射影像和数字表面模型。构建了白家包滑坡、马家沟滑坡等大型滑坡和柏堡滑坡、杉树槽滑坡等近期滑坡的真三维模型。利用无人机高精度的影像,可以快速地确定滑坡的边界和影响范围。手持全球定位系统(global positioning system,GPS)用来进行滑坡灾害点定位,每个滑坡点的地层岩性通过工程地质调查确定。最后结合历史滑坡记录和野外调查资料,构建了秭归盆地滑坡数据库(Li et al.,2019a)。

1.2.2　秭归盆地典型滑坡

白家包滑坡地处湖北省秭归县归州镇,位于长江支流香溪河右岸,距香溪河和长江交汇处约 2.5 km[图 1.6(a)]。滑坡后缘高程为 265 m,前缘高程为 125~135 m,前缘现长期处于水位线以下。滑坡的左右边界为含有大量地面裂缝的山谷。滑坡坡面倾向为 NE75°~ NE85°,朝向香溪河,坡度为 10°~20°。滑坡平均长 550 m,宽 400 m,面积为 $2×10^4\,m^2$,体积约为 $1×10^6\,m^3$。该滑坡是一个典型的滑床反倾的堆积层滑坡。如图 1.6(b)所示,滑体第四系松散堆积物,包括粉质黏土和碎石。滑带是第四系堆积物和下覆基岩的分界面,主要为粉质黏土,下覆基岩为下侏罗统砂岩和泥质粉砂岩,倾向坡内,倾角为 30°~40°。白家包滑坡对周围居民生命财产安全、交通及水库运行存在较大威胁。秭兴公路穿越滑坡中部[图 1.6(a)]。在水库蓄水前,滑坡区域有 165 个居民,目前仅剩 20 余人。滑坡地表为耕地,灌溉活动可能会进一步降低滑坡的稳定性。

三峡大学利用 GPS 监测网络从 2006 年开始对白家包滑坡地表位移进行监测,并在 2017 年建立了自动化监测网络用于收集降雨、地表位移日监测数据。长期 GPS 监测数据(2006 年 10 月~2018 年 10 月)和短期多场监测数据(2017 年 10 月~2018 年 10 月)显示,滑坡在 12 年间累积地表位移超过 1.5 m(图 1.7),滑坡累积地表位移、月降雨量和库水位如图 1.7 所示。所有的 GPS 监测数据表现出相似的“阶跃性”特征,即监测点累积地表位移在每年 4~8 月迅速增加,这与每年雨季和库水位下降期一致(Yao et al.,2019)。

马家沟滑坡位于湖北省宜昌市秭归县归州镇吒溪河左岸,距离秭归县城约 55 km。滑坡呈东西向展布,形态上表现为缓坡型。滑坡后缘高程为 290 m,前缘高程为 135 m,剪出口位于水位线以下。坡体较为平缓,平均坡度约为 15°,主滑方向为 291°。滑坡纵向长度约为 550 m,宽度约为 180 m,滑坡体积约为 $3.10×10^6\,m^3$[图 1.8(a)]。该滑坡为堆积层滑坡,坡体内第四系松散堆积物分布广泛,主要为崩坡积物、冲洪积物及人工堆积物,厚度为 8~15 m。冲洪积物主要分布在冲沟区域内。滑坡基岩为上侏罗统遂宁组中厚层灰白色长石石英质细砂岩和褐红色薄层粉砂质泥岩互层。

（a）白家包滑坡三维模型

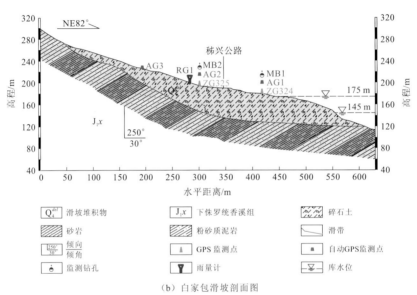

（b）白家包滑坡剖面图

图 1.6 白家包滑坡三维模型和剖面图

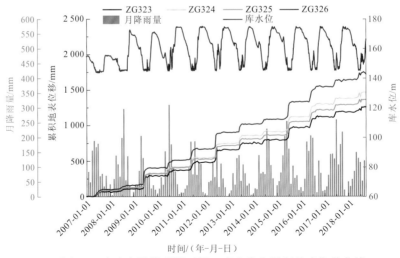

图 1.7 白家包滑坡月降雨量、库水位和累积地表位移曲线

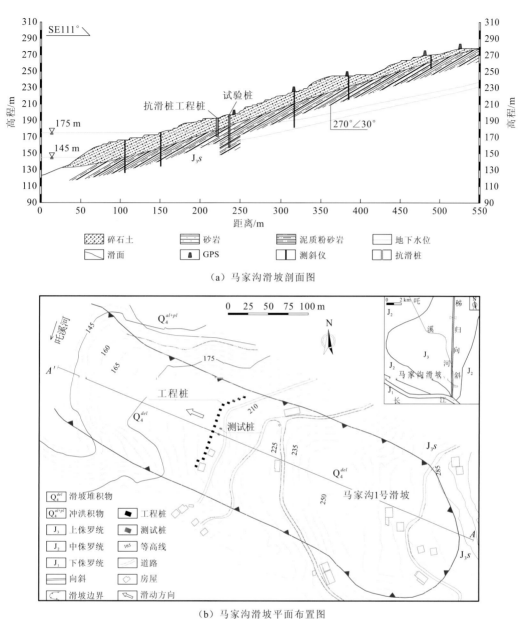

（a）马家沟滑坡剖面图

（b）马家沟滑坡平面布置图

图1.8　马家沟滑坡剖面图和平面布置图

马家沟滑坡自三峡水库蓄水后持续发生变形。为了阻止滑坡变形的进一步加剧，在滑坡体上布设了17根2 m×3 m的钢筋混凝土抗滑桩[图1.8（b）]。然而自钢筋混凝土抗滑桩布设后，马家沟滑坡仍持续变形。坡体中部位置发育了两条长约65 m和80 m的裂缝。坡面位移监测结果显示，马家沟滑坡变形随着时间的增加近似单调增加。如图1.9所示，截至2017年10月，马家沟滑坡最大累积地表位移达到了241.9 mm。此外，马家沟滑坡变形受库水位和降雨作用影响，在极端降雨和库水位波动下滑坡位移变形可能进一步加剧。

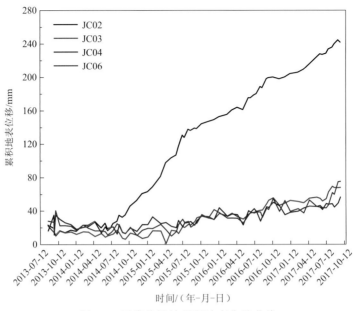

图 1.9　马家沟滑坡累积地表位移曲线

1.3　秭归盆地滑坡影响因素

确定滑坡的诱发因素是进行滑坡成因机制研究的重要前提。对秭归盆地滑坡进行了大量现场调查,结果表明秭归盆地滑坡的稳定性主要受内因和外因控制,其中内因主要包括地层岩性和坡体结构,外因主要包括库水位、降雨和人类工程活动等。滑坡的形成与内外因素密切相关。

1.3.1　地层岩性影响

地层岩性特征是影响边坡稳定性的重要因素之一。地层岩性决定了库岸边坡的抗滑力的大小,是影响库岸边坡稳定性的重要因素。野外调查表明,滑坡大多分布在侏罗系软硬相间地层中,而较少发育在岩体强度较高的三叠系白云岩和灰岩地层中。结构面组合特征也是影响边坡稳定性的重要因素。针对研究区岩体开展了结构面测量,结果表明该地区的结构面主要由三组结构面组成,包括一组层面、两组节理面。由优势结构面赤平投影图[图 1.10(a)]可知,节理面 1 和节理面 2 的交线分布于坡面投影线的另一侧,因此节理面 1 与节理面 2 的组合对于坡面稳定性有利。节理面 1、节理面 2 和层面可以形成一个楔形体,造成岩体边坡的楔形塌落。层面投影线与坡面投影线位于同一侧,且层面投影线位于坡面投影线的内侧,对该边坡稳定性不利。如图 1.10(b)所示,研究区岩体结构面发育,三组结构面常常会形成楔形体,从而导致岩体不稳定,容易发生失稳破坏。

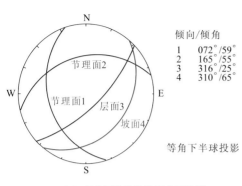

	倾向/倾角
1	072°/59°
2	165°/55°
3	316°/25°
4	310°/65°

（a）研究区优势结构面赤平投影　　　　　　（b）研究区公路边坡楔形体破坏

图 1.10　边坡楔形体破坏机制

1.3.2　坡体结构因素影响

边坡的坡体结构特征对边坡稳定性具有重要影响。依据边坡临空面的倾向和岩层倾向，将边坡的坡体结构划分为顺向坡、顺斜坡、逆向坡、逆斜坡和横向坡五种类型。假设结构面倾向为 α，坡体临空面倾向为 β。$|\alpha-\beta|\in[0°，30°)$，岸坡坡体结构为顺向坡；$|\alpha-\beta|\in[30°，60°)$，岸坡坡体结构为顺斜坡；$|\alpha-\beta|\in[150°，180°]$，岸坡坡体结构为逆向坡；$|\alpha-\beta|\in[120°，150°)$，岸坡坡体结构为逆斜坡；$|\alpha-\beta|\in[60°，120°)$，岸坡坡体结构为横向坡。一般而言，顺向坡的稳定性最弱，其次是顺斜坡，其他三种类型坡体结构岸坡稳定性一般较高。

如图 1.4 所示，秭归向斜核部位于吒溪河河谷，致使吒溪河河谷两岸大部分岸坡的坡体结构均为顺向坡；香溪河位于秭归向斜东岸，使得香溪河西岸坡体结构为逆向坡，东岸坡体结构为顺向坡。顺向坡岩层倾角小于边坡坡角，边坡岩土体易沿层面发生滑动，边坡稳定性较差；逆向坡岩层倾角与坡面相反，边坡较难沿岩层层面滑动，边坡稳定性较高。如图 1.4 所示，吒溪河河谷两岸滑坡分布众多，并且两岸滑坡数量彼此相近，这与前述坡体结构分析结果相一致。

1.3.3　库水位因素影响

三峡库区库水位随着季节周期性波动，库水位上升及下降对库岸边坡稳定性存在一定的影响。国内外库水位波动引起库岸滑坡的实例很多，Jones 等调查发现罗斯福湖附近地区 30%的滑坡发生在库水位下降期，49%的滑坡发生在库水位上升期（中村浩之和王恭先，1990）。自三峡大坝蓄水以来，库水位波动成为秭归盆地侏罗系滑坡的主要诱发因素之一。如图 1.3 所示，三峡库区蓄水过程大约分为三个阶段，即 135m 阶段、155m 阶段和 175m 阶段，并且每年保持在 145～175m 波动。三峡库区库水位的周期性波动，削弱了岸坡岩土体的物理力学性质，降低了岸坡的稳定性。千将坪滑坡、金乐滑坡和树坪滑坡等滑坡的稳定性均受到了库水位的影响。一般而言，库水位波动对侏罗系滑坡的影响主要体现在以下几个方面。

1. 软化作用

随着库水位的上升，岸坡部分岩土体被淹没，岩土体发生软化作用，其强度逐渐降低。对于侏罗系特殊的软硬相间地层结构，地层岩体中存在较多软弱夹层或软弱结构面。在库水浸泡后，软弱夹层或软弱结构面的力学强度大幅度降低。千将坪滑坡库水位以下的滑带岩体在库水浸没近一个月后滑带黏聚力 c_s 值下降 92.5%，滑带内摩擦角 φ_s 值下降 37.2%（张青宇，2011）。由此看出，库水位软化作用对岩土体性质具有较大的影响，对岸坡稳定性不利。

2. 浮托力作用

库水位上升，岸坡坡脚部位被淹没，淹没的坡脚部分在库水位的作用下产生浮托力。在浮托力的作用下，整个滑坡体的抗滑力下降，导致岸坡稳定性下降。对于上陡下缓的滑坡，滑坡稳定性受到浮托力作用的影响更为明显。

3. 动水压力作用

在堆积层岸坡中，库水位下降时，边坡内的地下水会从岸坡岩土体中渗流排出。渗流压力作用会对岸坡产生动水压力作用。其方向与动水压力的流动方向相同，一般指向坡外，增加了岸坡的下滑力作用。

4. 静水压力作用

当库水位下降时，岩质岸坡中的张裂隙会残留部分地下水，残留在张裂隙的地下水对坡体产生一定的静水压力。静水压力方向一般指向临空面，增加了岸坡的下滑力，削弱了岸坡的稳定性。

1.3.4　降雨因素影响

降雨对秭归盆地滑坡稳定性的影响与库水位对边坡稳定性的影响相似。其中，降雨入渗所引起的静水压力作用和岩土体参数的劣化作用是导致三峡库区滑坡失稳的重要因素。对于裂缝较为发育的滑坡，雨水将顺着裂缝进入滑带。由于研究区侏罗系特殊的软硬相间结构，滑带往往是透水性较差的软弱层。因此，驻留在滑带处的水分无法有效、快速地排出。侏罗系软岩主要为紫红色的泥岩，遇水极易软化，物理力学性质将会急剧恶化。研究区侏罗系岩质边坡广泛发育着节理裂隙。随着降雨的持续，裂隙的静水压力逐渐升高，对坡体产生了向下的滑坡推力，促进了岸坡的失稳。特别是位于岸坡后缘的裂隙产生的静水压力，对岸坡稳定性影响较大。三峡库区库水位在 145～175 m 波动，最大落差为 30 m，因此由库水位引起的静水压力效应大部分作用在坡体前缘。然而，坡体前缘一般为阻滑部分，滑面倾角较缓，产生的静水压力也较小。

树坪滑坡位于长江右岸的沙镇溪树坪，为一个特大型老滑坡，历史上曾发生过多次变形。自三峡水库蓄水以来，其持续发生变形，特别是在每年的4～10月（雨季），滑坡均出现较大的变形。滑坡体上多处出现了沉降裂缝和一系列羽状剪张拉裂缝，这些裂缝除局部地区未连通外，其余均延伸性较好。2007年雨季，该区普降大雨。雨水沿着沉降裂缝和拉裂缝入渗到滑面，恶化了滑面岩土体强度，加上库水位波动，滑坡变形加剧，滑坡体上出现了多条长20～40m的拉裂缝。裂缝的出现又增强了滑坡体的渗透性，导致在下一次降雨中滑坡变形加剧。杉树槽滑坡位于秭归沙镇溪。滑坡发生前一周区域降雨量达到260.2mm，雨水的入渗引起的岩土体强度劣化和裂隙静水压力是杉树槽滑坡失稳的重要原因。

1.3.5　人类工程活动影响

随着秭归盆地地区经济的快速发展，交通道路建设已经延伸到各个乡村。在公路交通修建过程中，人工开挖坡脚与在坡体中后部加载降低了边坡的稳定性。由于三峡大坝的修建，库区蓄水，库水位升高，原本的交通路线被淹没，重新修建了部分县道。大量岸坡被人工切脚，导致岸坡稳定性降低，部分老滑坡复活，如图1.11所示。如图1.12所示，为汤家坡滑坡的一处现场照片。有一条县道和一条乡村公路横穿汤家坡滑坡坡体表面。汤家坡滑坡的形成总共有三方面的原因：①汤家坡滑坡位于吒溪河左岸，坡体结构为顺向坡，易沿层面发生滑动；②坡体表面开挖了两条公路，致使坡体变陡，抗滑力变小，易产生滑坡；③公路上常有载有重物的大型货车通过，由货车产生的动荷载增加了滑坡滑动力，导致坡体滑移。

图1.11　卡子湾大桥左侧边坡坡脚开挖照片　　　图1.12　汤家坡滑坡现场照片

1.4　秭归盆地滑坡成因机制

秭归盆地滑坡成因复杂，图1.13揭示了一般水库滑坡的成因破坏模式。该地区滑坡主要受坡体及地层结构、降雨、库水位、人类工程活动控制，总结为牵引-推动复合式的成因机制。一方面，坡体坡脚位置开挖减载效应、车辆动载效应、渗透水压力的作用，以及坡脚浸水部分受到库水软化、泥化作用等，导致坡脚位置抗滑力减小，牵引着整个坡体向下滑动；另一方面，坡体上部房屋等建筑物的重力作用、降雨作用下后缘坡体裂缝中的静水压力和渗流损伤作用及坡体自身的驱动力，推动着整个坡体向下滑动。在上述因素共同作用下，滑坡发生失稳。

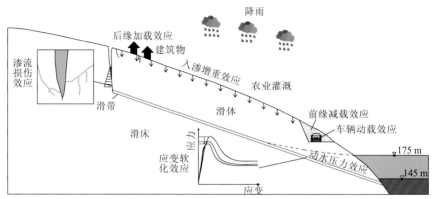

图 1.13　秭归盆地水库滑坡成因机制示意图

基于秭归盆地研究区长期的工程地质调查，提出秭归盆地三种水库滑坡的破坏模式：①破坏模式1[图1.14（a）]，滑床反倾的圆弧状滑动面滑坡。该类滑坡破坏模式在香溪河西岸滑坡中较为常见，如白家包滑坡。该类滑坡往往由反倾岩质边坡演化而成。此类型滑坡滑面多为圆弧形，其稳定性受降雨和库水位波动影响，累积位移曲线表现出一定的阶跃性。②破坏模式2[图1.14（b）]，含软弱夹层的顺层岩质滑坡，如杉树槽滑坡。该类滑坡破坏模式为三峡库区秭归盆地典型的顺层岩质滑坡破坏模式。滑坡节理裂隙较为发育，为雨水入渗提供条件。此外，软弱夹层也是形成该类型滑坡的重要因素。③破坏模式3[图1.14（c）]，含多台阶滑面的堆积层滑坡，如金乐滑坡。此类滑坡广泛发育在软硬相间滑床的滑坡中，滑面的差异风化是形成该类型滑坡多台阶滑面的重要因素。

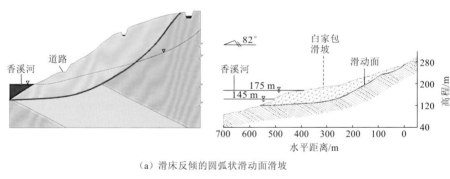

（a）滑床反倾的圆弧状滑动面滑坡

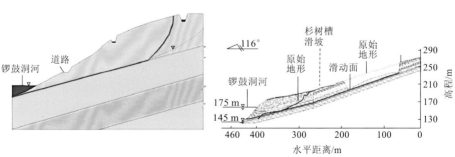

（b）含软弱夹层的顺层岩质滑坡

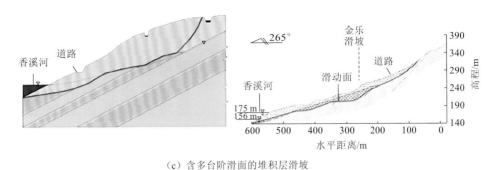

（c）含多台阶滑面的堆积层滑坡

图 1.14　秭归盆地典型滑坡成因机制模型

1.5　秭归盆地滑坡分布规律

1.5.1　影响因子的定量化

基于 1.4 节秭归盆地滑坡成因机制研究，初步选取影响滑坡稳定性的诱发因素并对其进行定量化。诱发因素的定量化，直接影响了滑坡分布规律研究的准确性。目前大多数研究采用相对密度法（用该分级下滑坡数目占滑坡总数的比例对各个分级进行量化）对诱发因素进行定量化。然而，在某些情况下依据滑坡在分级下的比例对诱发因素进行定量化容易出现误差。例如，在建立的滑坡数据库中，99 个滑坡位于研究区 0~200 m 高程区域内，然而有 104 个滑坡位于 400~600 m 高程区域。此时，如果继续使用相对密度法，可能会得到比例高的区域比比例低的区域更容易发生滑坡的错误推论。Bayes 于 1982 年提出了条件概率公式，解决了上述问题（盛骤 等，2008）。考虑各个诱发因素分级下的面积和滑坡数目均不相同，将滑坡在各个诱发因素分级下发生的概率 $\Pr(B_i|A)$ 作为影响因子量化标准。

$$\Pr(B_i|A) = \frac{\Pr(A|B_i)\Pr(B_i)}{\sum_{j=1}^{n}\Pr(A|B_i)\Pr(B_i)} \tag{1.1}$$

式中：$\Pr(B_i|A)$ 为在 A 分级下 B_i 滑坡发生的概率，为了后续分析方便，$\Pr(B_i|A)$ 简化为 $\Pr$；$\Pr(A|B_i)$ 为 B_i 滑坡发生时位于 A 分级的概率，近似等于位于 A 分级下滑坡数目与总滑坡数目的比值；$\Pr(B_i)$ 为滑坡发生的概率，等于滑坡数目与研究区总栅格数目的比值。

利用 ArcGIS 软件的空间分析工具，统计滑坡在各个诱发因素分级下的数目，然后运用式（1.1），计算得到各个诱发因素分级下发生滑坡的概率，如图 1.15 所示。最后依据 $\Pr(B_i|A)$ 值对各个诱发因素分级量化。只有较小的分类区域面积和较高的滑坡相对密度才能得到较大的 $\Pr$ 值。利用上述 Bayes 理论计算得到 0~200 m 高程区域的 $\Pr$ 值大于 200~400 m 高程区域的 $\Pr$ 值。这一结果与其他学者的研究结论基本吻合。

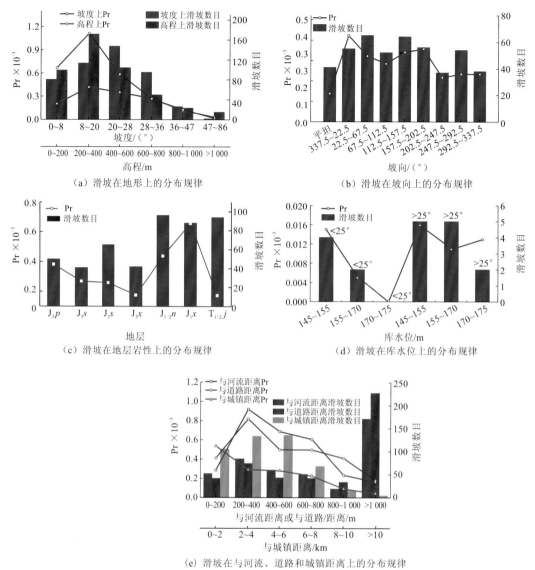

（a）滑坡在地形上的分布规律　　　　（b）滑坡在坡向上的分布规律

（c）滑坡在地层岩性上的分布规律　　　（d）滑坡在库水位上的分布规律

（e）滑坡在与河流、道路和城镇距离上的分布规律

图 1.15　滑坡在地形、地质和人类工程活动上的分布规律

1.5.2　滑坡在地形因素上的分布规律

坡度、坡向和高程的 Pr 值被用来揭示滑坡在地形因素上的分布规律。斜坡坡度是控制滑坡发生的基本因素之一，研究区斜坡坡度在 0°～81°。利用自然间断法将斜坡坡度划分为六类。如图 1.15（a）所示，几乎超过 99%的滑坡发生在坡度小于 47°的区域，并且在实地调查中 90%的大型和造成灾难的滑坡分布在 20°～36°中等坡度区域。坡度 Pr 值在低坡度区随着坡度的增加逐渐增加，当坡度超过中等坡度区域时，Pr 值随着坡度的增加反而降低。这一现象表明，中等坡度区域是最有可能发生滑坡的区域。

斜坡的坡向影响着坡体的蒸发、入渗和侵蚀。斜坡坡向可以分为九类：平坦、北（337.5°～22.5°）、北东（22.5°～67.5°）、东（67.5°～112.5°）、东南（112.5°～157.5°）、南（157.5°～202.5°）、南西（202.5°～247.5°）、西（247.5°～292.5°）、西北（292.5°～337.5°）。如图 1.15（b）所示，北、东南和南坡向区域的 Pr 值高于其他坡向 Pr 值。其他坡向区域 Pr 值相差不大。周期性库水位波动和地层岩性差异可以很好地解释不同坡向区域 Pr 值的差异。北坡向和南坡向的区域主要分布于长江两岸，这些区域的库岸边坡的稳定性受库水位波动影响。东南坡向的区域主要分布在吒溪河和香溪河两岸。吒溪河东南坡向的库岸边坡为顺向坡，较易发生滑坡。香溪河东南坡向的岸坡主要为逆向坡，但与西北顺层坡区域相比，东南坡向逆向坡区域更易发生滑坡。

研究区高程主要在 100～2000 m 变化。如图 1.15（a）所示，超过 80%的滑坡高程位于 600 m 以下，并且所有野外调查中的大型和新滑坡的高程全部位于 400 m 以下受库水位影响的区域。0～200 m 和 200～400 m 区域的 Pr 值显著大于其他区域的 Pr 值。然而，0～200 m 高程区域的 Pr 值略微低于 200～400 m 高程区域的 Pr 值。这一结果似乎与常规研究相违背。对吒溪河沿岸滑坡的坡度和长度进行了详细的调查与测量，如表 1.1 所示。如果选择最小的滑坡纵向长度 220 m 和平均坡度 18.5° 计算滑坡水平高程，计算得到滑坡高程约为 215 m，位于 200～400 m 高程区域。此外，0～200 m 高程区域的面积大于 200～400 m 高程区域的面积，也使得 200～400 m 高程区域的 Pr 值大于 0～200 m 高程区域的 Pr 值。

表 1.1　吒溪河沿岸代表性滑坡基本几何参数

名称	纵向长度/m	前后高差/m	平均厚度/m	平均坡度/(°)
渡水头	740	270	30	7
柑橘厂	230	130	10	30
黑石板	900	800	28	15
卡子湾	300	520	40	26
龙口	470	90	25	17
沙湾子	342	120	15	27
孙记汶	250	320	10	14
汤家坡	550	180	20	10
王家屋场	370	300	12	7
王家院子	800	450	40	28
向家岭	270	126	15	19
余家院子	220	100	6.5	22

1.5.3　滑坡在地层岩性上的分布规律

地层岩性是控制滑坡失稳的关键因素之一。如图 1.15（c）所示，位于中下侏罗统聂家山组和下侏罗统香溪组的滑坡数目占滑坡总数的 35% 以上，并且聂家山组和香溪组的 Pr 值也显著大于其他地层岩性的 Pr 值。上述结果表明，聂家山组和香溪组是研究区域最易滑的地层。位于嘉陵江组的滑坡数目约为 100 个，但由于嘉陵江组出露地层较多，嘉陵江组的 Pr 值低于其他地层。聂家山组和香溪组特殊的软硬相间结构，是滑坡广泛发育在该地层的重要原因。

吒溪河和香溪河相距不到 10 km，但两者库岸边坡的分布展示了较大的差异性。以 A—A' 剖面揭示出现上述差异的原因，如图 1.16 所示。秭归向斜位于吒溪河河谷，因此，吒溪河两岸岸坡坡体结构均为顺向坡。由于吒溪河两岸坡体的地质条件相似，吒溪河两岸发生滑坡的可能性大致相同。作为对比，香溪河位于秭归向斜东翼，则西侧岸坡为逆向坡，东侧岸坡为顺向坡。单从坡体结构判断岸坡稳定性，香溪河西侧岸坡的稳定性应高于东侧岸坡的稳定性。然而，香溪河两岸滑坡分布规律却与此相反，西侧岸坡发育的滑坡远多于东侧岸坡。其原因是西侧岸坡地层岩性主要为侏罗系砂岩夹泥岩，泥岩强度低，在库水位周期波动作用下，易发生软化；而东侧岸坡地层岩性主要为三叠系强度较高的灰岩，在库水作用下岸坡稳定性较好。

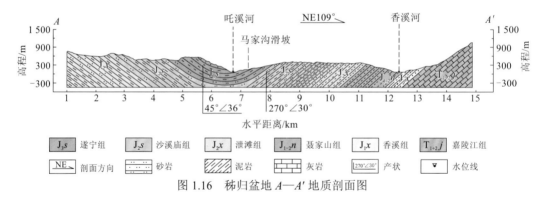

图 1.16　秭归盆地 A—A' 地质剖面图

1.5.4　滑坡在人类工程活动上的分布规律

为了研究库水位波动对岸坡稳定性的影响，库水位被划分为六个子类。不同分级下库水位与滑坡数目和 Pr 值之间的关系如图 1.15（d）所示。库水位在 145～155 m 波动并且坡度大于 25° 的区域 Pr 值最大。此外，库水位在 145～155 m、坡度大于 25° 的区域和库水位在 145～155 m、坡度小于 25° 的区域的 Pr 值相似，表明库水位在 145～155 m 波动时，岸坡发生失稳的可能性最高。滑面处的泥岩强度软化及水位降低到 145 m 时产生的高渗透压力是岸坡在库水位 145～155 m 波动时失稳的主要原因。

总体而言，滑坡在与道路距离、与河流距离和与城镇距离三个影响因素上的分布数目及 Pr 值随着距离增加逐渐降低，如图 1.15（e）所示。滑坡在上述诱发因素下的分布规律与滑坡在高程因素上的分布规律类似。

1.6　秭归盆地滑坡防治措施

三峡库区秭归盆地滑坡灾害的防治应做到"及早发现，预防为主；查明情况，综合治理；力求根治，不留后患"（三峡库区地质灾害防治工作指挥部，2014），研究区滑坡灾害防治措施主要包括滑坡治理和滑坡监测预警。

1.6.1　滑坡治理工程

当滑坡变形较大时，为了避免其失稳造成居民伤亡和财产损失，需要采取合理的工程措施对滑坡进行防治处理。根据防治原则及工程经验，防治措施的目的是提高抗滑力或减小下滑力。目前，秭归盆地地区常用的滑坡防治措施主要包括：①削方减载；②排水工程；③抗滑结构工程；④坡面防护等。由于秭归盆地滑坡的情况复杂多样，治理措施也应各不相同。根据滑坡具体工程地质条件，因地制宜采取不同的防治措施及其组合。

1. 削方减载

改变滑坡几何形态即削方减载，通过搬运和削减滑坡体上部堆积物，并将上部堆积物搬运至坡脚位置的方式来增加滑坡稳定性。这种方法比较经济有效，工程量小且易操作，治理效果好，在研究区获得了较为广泛的应用。位于长江右岸的树坪滑坡和吒溪河左岸的龙口滑坡均采用了削方减载方式进行治理。

2. 排水工程

地表排水工程是用截水沟将滑坡体外部地表水拦截，并通过排水沟将地表水汇集，引出坡体，阻止坡外地表水进入滑坡体内部；截水沟和排水沟对于边坡稳定性是非常必要的，是滑坡治理工程常见的工程措施，工程量小、工艺简单，而防治效果好。在库区金乐滑坡、马家沟滑坡和万塘滑坡等滑坡中均采用了地表截排水工程。

3. 抗滑结构工程

抗滑结构工程是滑坡治理的主要措施之一。它通过设置抗滑结构以增强滑坡的稳定性。目前，抗滑桩是秭归盆地滑坡防治工程的主要措施，如马家沟滑坡、万塘滑坡和飞宝槽滑坡等滑坡采用了抗滑桩治理工程。

4. 坡面防护

坡面防护是岸坡防治的主要措施之一，主要包括浆砌块石和干砌块石格构、植被护坡等。对于涉水性滑坡，采用坡面防护的方式可减小库水对滑坡前缘的影响，金乐滑坡、中心花园滑坡和部分库岸等采用了坡面防护工程。

1.6.2 滑坡监测预警

建立滑坡监测预警系统，获取滑坡变形过程演化特征信息，可有效减少滑坡造成的损失。群测群防体系是依赖住在滑坡体附近的居民对滑坡进行监测、预防的一种方式，具有投入低、反应快和收益高等特点。为了配合群测群防体系的实施，湖北省秭归县国土资源局（现称秭归县自然资源和规划局）在滑坡点附近设置有滑坡群测群防预警告示牌，告示牌上详细介绍了滑坡基本概况、撤离路线、预警信号、监测方法及监测人等信息。一旦滑坡发生失稳，应急负责人通过鸣锣通知的方法，指导位于滑坡威胁区的居民撤退。2017 年 10 月，位于秭归县香溪河右岸的盐关滑坡变形失稳，堵塞了秭兴公路。由于群测群防，较早地发现了滑坡变形失稳迹象，提前疏离了群众，该滑坡失稳未造成人员伤亡，充分表明了秭归盆地群测群防方法在滑坡地质灾害预防中的重要作用。兴山县自实施群测群防体系以来，十余年未发生一起地质灾害导致居民死亡的事件。此外，对区域某些变形较大、危害严重和变形活动频繁的滑坡进行了专业监测，确保了区内人民生命和财产的安全。例如，白家包滑坡和八字门滑坡采用了自动化 GPS、地下水和降雨监测系统，对滑坡变形进行了实时监测。

第 2 章

软硬相间地层岩体试验与测试

2.1 回弹仪试验

2.1.1 回弹仪仪器

回弹仪数据采集采用瑞士 PROCEQ 公司生产的 SilverSchmidt 回弹仪，又称施密特锤。该仪器是进行工程地质简易测试的仪器之一，是一种轻便、小巧、几乎免维护的便携式测试仪器。在进行回弹测试时，能够自动地把回弹系数转换为抗压强度。

1. 仪器主要特点

（1）测量与冲击方向是相互独立的，采集数据时不需要对方向进行修正；

（2）采用微分式绝对光学速度编码器，可以获得较高的精度；

（3）提供大范围的抗压强度转换曲线，其中包括低至 $10\ N/mm^2$ 的低强度混凝土及高达 $100\ N/mm^2$ 的高强度混凝土；

（4）简单的"键式"操作，加上先进的倾斜和扭转技术用户界面，使野外数据采集工作更加方便；

（5）根据使用者需要，所需测量单位之间可以自动转换（N/mm^2、kg/cm^2、psi[①]）。

2. 仪器主要应用范围

（1）适用于测量各种各样的混凝土、灰浆和岩石；

（2）适合现场测试，特别是难以进入或狭窄的测量地点（测量与冲击方向无关），尤其适合对隧道内衬进行测量；

（3）用菌形冲击棒对新、旧混凝土进行评估（以决定何时取下模板）。

3. 仪器主要技术参数

回弹仪主要技术参数见表 2.1，野外数据采集采用 ST-L 型回弹仪，如图 2.1 所示。

表 2.1 回弹仪主要技术参数表

机械参数	ST-N 型	PC-N 型	ST-L 型	PC-L 型
抗压强度	$10\sim100\ N/mm^2$			
软件	无	有	无	有
冲击能	2.207 J		0.735 J	
弹簧常数	0.79 N/mm		0.26 N/mm	
弹簧伸展长度	75 mm			
冲击棒质量	135 g			

① psi 英文全称为 pounds per square inch，与其他单位的换算关系为 1 psi≈6.895 kPa。

续表

机械参数	ST-N 型	PC-N 型	ST-L 型	PC-L 型
显示屏	17 像素×71 像素；图形/字母/数字			
耗电量	测量时约 1 mA，设置和检查时约 4 mA，空闲时约 0.02 mA			
蓄电池效率	＞5 000 次冲击（再次充电前）			
充电器接口	B 型 USB 连接器（5 V，100 mA）			
操作温度	0～50 ℃			
储存温度	−10～70 ℃			
外壳尺寸	55 mm×55 mm×255 mm			
冲击棒尺寸	外部：105×Φ15 mm。压力球半径是 25 mm			
质量	570 g			

图 2.1　ST-L 型回弹仪

4. 回弹仪数据采集注意事项

（1）在进行数据采集时，尽量保持岩石（体）表面平整。若表面凸凹不平，会导致冲击能耗散，使得冲击能不能被岩石（体）完全吸收，造成结果偏小。

（2）冲击棒尽量与岩石（体）表面垂直，冲击棒顶部尽量与岩石（体）表面充分接触。

（3）回弹仪冲击一次岩石后，等冲击棒完全回复原状后再进行下次冲击，否则无数据显示。

（4）采集数据时，16 次冲击点尽量均匀分布，常采用 4×4 方形布置，冲击点之间保持 2 cm 左右的间距，能提高采集数据的可信度。

5. 回弹仪工作原理及取值方法

回弹仪是地质人员可随身携带的简易测试工具，能测得各类岩石的表面强度，尤其对风化岩石及裂隙面可进行现场原位测试。所得回弹值可直接作为岩石分级指标，并能通过经验公式将回弹值换算成抗压强度、变形模量等力学参数。

随着回弹仪在工程领域应用的不断扩大，国内外学者对其应用的研究不断加深。印度学者 Sharma 等（2011）通过大量的试验及回弹仪数据分析，得出了回弹值与冲击强度、岩石的耐崩解性及岩石纵波波速的线性关系，并给出了相应的经验公式；伊朗学者

Moomivand（2011）采用回弹试验和点荷载试验，对 104 个沉积岩、火成岩、变质岩岩石样本进行了研究，通过数据分析得出了一种基于点荷载试验和回弹试验确定岩石单轴抗压强度的方法。奥地利学者 Miller（1965）通过大量回弹仪测试资料建立了回弹值与抗压强度之间的经验公式：

$$\lg R_c = 0.00088 \cdot \gamma_d \cdot SCH + 1.01 \tag{2.1}$$

式中：SCH 为回弹值；γ_d 为岩石干容重，kN/m^3；R_c 为岩石无围压抗压强度，MPa。

式（2.1）适用于抗压强度为 20～300 MPa 的岩石，相当于 SCH = 10～60 的岩石，其可信度达 75%。

其工作原理为通过弹性加荷杆冲击岩石表面，一部分冲击能转化为使岩石产生塑性变形的功，另一部分能量使冲击杆回弹一定距离。由经验公式可知，岩石的表面强度不同，回弹值不同；回弹值越大，岩石表面强度越高，其抗塑性变形能力越强。

回弹仪测出的回弹值是根据仪器自身的测试程序自动求解得出的。为了获取岩石的回弹值 SCH，需要对目标岩石进行 16 次冲击，每 16 次为一个测试周期，仪器根据自带程序将测取数据按降序排列，舍去前面和后面 3 个值，并对剩下的 10 个数求平均值，即得出一个回弹值。为了使测试数据更加精确，可重复操作数次，求其平均值，提高数据的可信度。ST-L 型回弹仪不仅可以直接测试岩石的回弹值，还可通过设定相应的模式得出岩石的壁岩强度 Q。受冲击能量的限制，只有当 10 < SCH < 62 时，回弹值 SCH 与壁岩强度 Q 才呈一一对应关系。

2.1.2 回弹仪野外数据采集

为了研究软硬相间地层岩体的结构特征和风化特征，以及互层状岩体力学参数的劣化规律，选取三峡库区秭归归州作为野外回弹仪数据采集的主要地区。该区域是侏罗系软硬相间地层的主要分布区，区内地层岩性以泥岩、粉砂质泥岩、粉砂岩和石英砂岩等沉积岩为主，软硬相间结构岩层出露较多，岩性及互层结构代表性较强，方便数据的收集。

在库区沿岸岩层出露较明显的八个测区进行回弹性测试，分别为胡家沟中桥测区、彭家坡三组龙王庙测区、龙口村测区、马家沟滑坡左侧测区、烧其湾测区、天登堡测区、卡子湾测区及泄滩测区。测区的主要岩性为砂岩、粉砂岩及泥岩，砂岩以微风化、中风化为主，粉砂岩多为微风化、中风化，泥岩以中风化为主。各测区回弹数据如表 2.2～表 2.5 所示。

表 2.2 胡家沟中桥测区、彭家坡三组龙王庙测区回弹数据汇总表

胡家沟中桥测区				彭家坡三组龙王庙测区			
砂岩（微风化）		泥岩（中风化）		砂岩（中风化）		泥岩（中风化）	
层面	侧面	层面	侧面	层面	侧面	层面	侧面
59.5	54.3	19.2	19.6	47.1	42.7	25.0	28.4
60.4	57.5	22.2	26.1	39.1	39.7	24.4	25.3

续表

胡家沟中桥测区				彭家坡三组龙王庙测区			
砂岩（微风化）		泥岩（中风化）		砂岩（中风化）		泥岩（中风化）	
层面	侧面	层面	侧面	层面	侧面	层面	侧面
61.3	51.0	25.2	24.6	46.0	49.1	29.9	26.3
52.3	52.6	25.5	25.5	52.3	42.3	23.1	29.3
60.5	55.4	26.2	18.9	43.1	39.2	28.7	21.0
55.0	50.8	25.8	22.4	39.3	44.0	19.0	24.8
60.5	52.1	30.0	21.6	45.6	42.5	27.5	23.1
56.9	52.5	19.8	19.1	43.9	36.3	32.0	22.4
59.2	54.3	26.5	24.6	39.8	44.3	24.8	21.6
54.8	55.8	28.2	25.3	44.7	42.3	29.8	19.1
58.4	53.0	28.7	23.8	43.8	42.2	22.5	24.6
59.6	56.6	27.5	24.0	47.4	41.9	27.6	25.3
61.2	56.5	23.3	26.3	48.4	37.6	28.3	23.8
57.2	54.1	24.1	26.8	39.7	45.9	25.3	25.2
60.6	59.7	25.6	19.6	47.8	37.3	26.7	27.1
54.1	57.0			48.7	46.7		
56.3	53.1			46.9	43.9		
50.9	60.7			43.5	44.2		
57.8	57.9			42.0	43.0		
54.6	58.1			48.2	42.6		

表 2.3　卡子湾测区、泄滩测区回弹数据汇总表

卡子湾测区						泄滩测区	
粉砂岩（微风化）		粉砂岩（中风化）		泥岩（中风化）		粉砂岩（强风化）	
层面	侧面	层面	侧面	层面	侧面	层面	侧面
52.7	52.8	41.3	46.5	27.0	27.6	31.5	29.0
47.9	51.8	44.2	41.2	19.5	24.6	27.6	36.4
56.0	53.4	50.2	32.7	28.2	27.5	24.6	19.6
50.1	43.0	50.2	30.7	32.8	22.7	32.8	27.9
48.6	46.0	45.7	44.0	25.9	23.6	26.5	23.6
52.0	51.5	43.8	36.4	25.5	19.5	40.3	36.3
56.1	53.3	50.4	43.6	34.0	32.5	27.8	19.6
57.6	54.3	40.6	46.4	30.3	24.4	25.9	32.4

卡子湾测区						泄滩测区	
粉砂岩（微风化）		粉砂岩（中风化）		泥岩（中风化）		粉砂岩（强风化）	
层面	侧面	层面	侧面	层面	侧面	层面	侧面
54.3	42.0	48.5	49.0	32.8	25.8	35.5	33.9
56.0	51.5	53.8	40.3	26.5	22.3	34.0	24.8
51.2	58.6	46.1	37.3	20.3	18.1	40.2	25.5
57.1	42.6	47.0	44.5	27.8	23.6	39.7	36.3
50.2	53.5	44.3	43.0	32.7	23.1	35.3	35.2
53.6	56.8	40.8	42.0	24.6	30.4	32.8	39.7
51.9	57.6	47.0	39.2	35.8	23.8	40.0	35.3
54.2	48.3	50.4	35.8	26.4	23.8	35.5	24.5
50.0	54.2	45.3	46.7	30.2	26.5	35.8	33.5
52.6	53.8	52.7	47.3	22.0	20.3	26.4	24.5
55.7	50.2	43.8	44.6	24.5	27.8	30.2	32.8
59.4	55.7	46.8	36.8	23.8	25.3	42.0	25.9

表 2.4　天登堡测区、烧其湾测区、龙口村测区回弹数据汇总表

天登堡测区				烧其湾测区		龙口村测区	
砂岩（微风化）		粉砂岩（中风化）		石英砂岩（微风化）		砂岩（微风化）	
层面	侧面	层面	侧面	层面	侧面	层面	侧面
55.5	52.1	41.2	33.8	65.0	59.0	55.6	55.7
52.4	60.4	48.4	42.8	60.0	61.7	52.9	56.7
54.7	58.5	48.2	40.0	56.7	52.0	54.0	50.3
52.5	59.0	46.4	36.3	61.0	58.8	56.5	48.0
51.7	51.5	36.7	33.5	61.3	61.6	57.0	49.7
55.7	44.9	44.7	39.0	62.4	60.4	54.1	48.8
53.1	44.0	44.8	43.0	64.7	63.3	54.7	57.9
61.3	45.0	40.8	35.3	64.5	62.1	56.6	46.8
53.6	53.3	46.0	41.5	61.7	62.9	55.6	51.6
56.0	45.0	50.3	43.3	62.0	60.9	55.4	56.6
58.8	54.5	42.5	40.8	61.2	59.2	54.6	53.4
59.6	56.1	41.8	46.0	67.0	61.0	56.7	58.5
57.3	58.7	42.4	38.5	58.8	61.2	53.6	44.8
57.3	52.8	33.8	43.3	63.9	62.5	45.4	51.8

天登堡测区				烧其湾测区		龙口村测区	
砂岩（微风化）		粉砂岩（中风化）		石英砂岩（微风化）		砂岩（微风化）	
层面	侧面	层面	侧面	层面	侧面	层面	侧面
58.4	57.6	42.8	40.3	58.7	58.4	62.2	51.0
53.3	50.7	40.0	42.5	59.8	59.8	56.3	56.5
58.8	58.7	51.4	41.8	56.8	60.0	58.7	56.7
56.6	48.1	38.7	32.4	62.0	61.0	47.4	48.8
61.6	52.0	43.3	35.2	54.0	51.7	61.9	52.3
49.7	50.5	40.8	40.5	59.2	56.8	60.6	55.9

表 2.5　马家沟滑坡左侧测区回弹数据汇总表

马家沟滑坡左侧测区					
砂岩（微风化）		砂岩（中风化）		泥岩（强风化）	
层面	侧面	层面	侧面	层面	侧面
58.3	48.8	54.3	53.7	19.9	20.9
52.7	50.0	52.9	38.6	17.9	24.8
51.7	50.8	47.6	53.7	17.6	15.5
53.5	56.7	55.4	52.1	26.0	13.6
58.1	56.2	50.5	48.1	18.6	16.4
56.9	53.4	36.9	40.9	23.7	18.2
49.1	51.2	42.7	42.4	25.8	21.0
58.1	51.4	47.0	36.0	24.7	19.3
54.6	59.2	40.4	42.1	20.0	17.9
57.5	52.4	41.7	36.8	19.2	22.3
57.6	55.0	38.2	39.6	21.0	17.9
55.5	53.3	45.2	43.7	23.2	20.6
56.9	51.8	45.1	41.2	24.5	19.5
57.1	52.9	45.2	39.8	19.2	22.4
51.8	54.2	43.6	40.2	22.0	18.0
57.9	54.8	57.4	46.2		
55.0	51.6	55.9	48.4		
58.0	57.5	46.6	50.0		
59.1	44.6	54.8	53.4		
57.4	51.3	56.1	44.0		

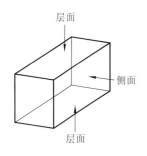

图 2.2 岩体表面回弹仪测点
空间分布图

每个测区出露的岩性不同，多数测区只有一种或者两种岩性出露，因此分析某一种岩性岩体的结构特征及风化劣化特征时，要综合整个测区该岩性的回弹数据进行分析。八个测区都分布在侏罗系中，将数据综合分析是可行的。根据岩层的出露情况，主要收集岩体层面及侧面的回弹数据，测点空间分布如图 2.2 所示。测区共收集近 600 组回弹数据，剔除不合理值后共余 570 组数据，其中微风化砂岩层面和侧面共有 160 组数据，中风化砂岩层面和侧面共有 80 组数据，中风化泥岩层面和侧面共有 100 组数据，强风化泥岩侧面和层面共有 30 组数据，微风化粉砂岩共有 40 组数据，中风化粉砂岩共有 80 组数据，强风化粉砂岩共有 40 组数据，微风化石英砂岩共有 40 组数据。回弹仪野外数据收集工作图如图 2.3 所示。

（a）野外粉砂岩回弹仪测试

（b）野外砂岩回弹仪测试

图 2.3 回弹仪野外数据收集工作图

2.1.3 回弹仪数据分析

表 2.6 为不同测区不同岩性不同测点的回弹数据平均值。从表中可以看出，岩体层面回弹值略高于侧面回弹值，由此可知在进行边坡稳定性评价时将岩体视为各向同性体是不合理的。同种岩性岩体，风化程度不同，岩体的回弹值也不同。随着风化程度的加深，岩体回弹值不断降低，如卡子湾测区及泄滩测区内粉砂岩的回弹值均降低。风化程度相同，岩性不同，回弹值也不相同。对卡子湾测区、烧其湾测区和龙口村测区内微风化岩体回弹值进行对比分析，发现微风化石英砂岩的回弹值高于微风化粉砂岩的回弹值。综合分析八个测区内回弹数据，得出不同岩性的综合评定回弹值，如表 2.7 所示，括号中为壁岩强度（Q），单位为 MPa。将表 2.7 中的 SCH 值及岩体的干容重代入经验公式（2.1），将计算结果与室内单轴抗压强度数据进行对比分析，可对经验公式进行修正。

表 2.6　三峡库区秭归归州测区回弹数据汇总

测区名称	岩性	风化程度	测点空间位置	平均值
胡家沟中桥测区	砂岩	微风化	层面	57.6
			侧面	55.2
	泥岩	中风化	层面	25.2
			侧面	23.2
彭家坡三组龙王庙测区	砂岩	中风化	层面	44.9
			侧面	42.4
	泥岩	中风化	层面	26.3
			侧面	24.5
卡子湾测区	粉砂岩	微风化	层面	53.4
			侧面	51.5
	粉砂岩	中风化	层面	46.6
			侧面	41.1
	泥岩	中风化	层面	27.5
			侧面	24.7
泄滩测区	粉砂岩	强风化	层面	33.2
			侧面	29.8
天登堡测区	砂岩	微风化	层面	55.9
			侧面	52.7
	粉砂岩	中风化	层面	43.3
			侧面	39.5
烧其湾测区	石英砂岩	微风化	层面	61.0
			侧面	59.7
龙口村测区	砂岩	微风化	层面	55.5
			侧面	52.6
马家沟滑坡左侧测区	砂岩	微风化	层面	55.8
			侧面	52.9
	砂岩	中风化	层面	47.9
			侧面	44.5
	泥岩	强风化	层面	21.6
			侧面	19.2

表 2.7　测区不同岩性回弹值综合评定值及壁岩强度

岩性	砂岩				泥岩			
风化程度	微风化		中风化		中风化		强风化	
测点空间位置	层面	侧面	层面	侧面	层面	侧面	层面	侧面
SCH	56.2	53.3	46.4	43.5	26.4	24.1	21.6	19.2
Q/MPa	69.5	58.0	37.0	30.5	10.5	9.0	7.5	6.0
岩性	石英砂岩				粉砂岩			
风化程度	中风化		微风化		中风化		强风化	
测点空间位置	层面	侧面	层面	侧面	层面	侧面	层面	侧面
SCH	61.0	59.7	53.4	51.5	45.0	40.3	33.2	29.8
Q/MPa	94.0	87.0	58.0	51.5	34.0	25.0	16.0	13.0

2.2　承压板试验

2.2.1　承压板试验设备与过程

本次试验采用项目组张永权、李长冬等发明的岩土体原位强度承压板测试系统进行测试（图 2.4），通过测量原位岩体在受压情况下产生的位移来得到岩体地基反力系数。试验装置包含配有驱动电机的千斤顶、控制系统和采集系统。测试仪内部集成电路带有控制程序，含五个外部接口，分别为电源接口、电机接口、位移反馈接口、压力反馈接口和数据接口（Tang et al.，2016）。

图 2.4　岩土体原位强度承压板测试系统

电源接口连接 220 V/50 Hz 标准供电电压；电机接口连接电机驱动，按控制程序带动电机运转；位移反馈接口连接电机，读取电机的转动情况，记录位移并反馈至控制程序；压力反馈接口连接千斤顶端部的压力检测器，运行过程中获得压力情况并反馈至控制程序；数据接口可用于复制控制程序并传导测量数据。千斤顶后部为施力端，圆盘直径为 25 cm，前部为受力端，前后端长度为 80 cm，顶部托座行程为 18 cm，可承受的最大压力为 40 kN。托座顶部装配的圆盘可更换调整，配有直径为 10 cm、15 cm 和 20 cm 的圆盘各一只。为使测量结果更准确，当测试岩体强度较大时选用小直径圆盘，测试岩体强度较小时则采用直径较大的圆盘。

秭归盆地归州地区侏罗系岩体主要包括三种岩性，分别为石英砂岩、粉砂岩和泥岩。为测得侏罗系内各种岩体的强度参数，选择了几个典型的点位进行开挖测试。在岩体上用空压机钻孔，插入铁楔并打入，岩体表面形成裂隙后整体取出。另外，为保证与千斤顶底座和顶板接触的两个面光滑平整，操作时需要尤其注意控制裂隙的发育。一、二号坑的地层岩性主要为中风化石英砂岩，位于马家沟滑坡附近，自上而下竖直开挖，最终深度为 100 cm，长宽均为 80 cm。开挖时各个端面必须保持平整，放置千斤顶时，其底座和顶部圆盘与槽壁完整接触。

千斤顶放入试验坑内后，驱动电机，使千斤顶持续加载，直到千斤顶前端的压力传感器显示有数据，才暂停加载；对位移和压力进行归零处理，然后开始按照程序设定加载。推力分级加载，第一级推力为 1 kN，之后每级加载增量为 0.1 kN，每级预压时间为 2 min，持续加载直到岩体破坏。试验过程分为三个阶段，第一个阶段力的加载较小，属于稳定加载阶段；第二阶段推力增大，岩体局部产生破坏，微裂隙张开；第三阶段推力继续增大，岩体中的裂隙逐渐增大，最终岩体整体性破坏，试验结束。根据试验观察和记录，试验过程中千斤顶加载平稳，岩体逐渐出现破裂的声音。到后期，压力增大到一定程度后，岩体产生整体性破坏并伴有巨大的破碎声响。

2.2.2　泥岩承压板试验

本次试验选取的试验对象为泥岩（图 2.5），测试点位于余家院子处公路拐角的斜坡上。泥岩表面风化呈灰白色，新鲜面呈橙红色，岩体干燥。竖直方向开挖出尺寸为 0.8 m×0.8 m×1 m 的方形槽，完成后尽量使侧壁保持竖直平整。测试时，承压板的两端紧靠相对的一组侧壁，在坑内将千斤顶装载完毕后，驱动电机，使顶部托盘在行程方向前进一段距离，确认基座和顶部托盘均与槽壁完整接触，将压力和位移复位之后，开始进行加载，逐级增大压力，每 2 min 增加一级，直至岩体完全发生破坏（图 2.6）。

图 2.5　野外开挖试验槽泥岩照片

图 2.6　泥岩承压板试验照片

沿水平方向分别进行两次试验，第一次试验的岩体是新开挖的试验槽内的泥岩，岩体新鲜，结构完整；第二次试验是在第一次试验结束后进行的，方向与第一次试验的方向垂直，受第一次试验发育的裂隙影响，整体强度明显降低，测得的应力-位移曲线如图 2.7 所示。为进一步对测试结果中的规律进行探讨，对两组数据分别进行曲线拟合。根据曲线发展规律，破坏前的曲线可分为三段：第一段是岩体在小范围内的密实和破坏过程；第二段为大范围的非线性压密过程；第三段为破坏前的线性压密过程，以曲线拐点为分段点。

根据测试结果中突变的节点对曲线分段拟合，第一次试验的拟合结果如图 2.8 所示，第一段曲线的拟合公式为 $y=0.0318+0.0332\times x^{1.4107}$（$0<x<10$），第二段曲线的拟合公式为 $y=0.7452+5.6441\times 10^{-4}\times x^{2.3165}$（$10<x<34$），第三段曲线的拟合公式为 $y=-0.4096+0.0926x$（$34<x<39$）。对各个拟合函数进行求导，获得各段地基系数的变

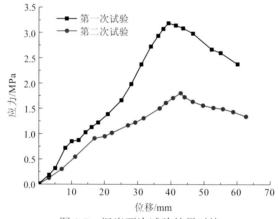

图 2.7　泥岩两次试验结果对比

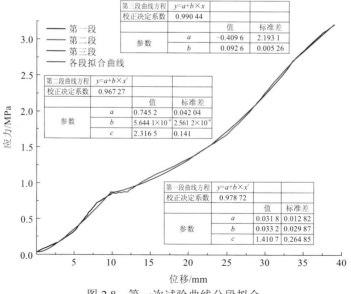

图 2.8　第一次试验曲线分段拟合

化情况。求得第一段曲线导数为 $0.031\,8\times1.410\,7\times x^{0.410\,7}\times10^6$（kPa/m），随着 x 的增大，地基系数逐渐增大，在 $x=10$ 时取得最大值 11.55×10^4 kPa/m；第二段曲线导数为 $2.316\,5\times5.664\,1\times x^{1.317}\times10^2$（kPa/m），在 $x=34$ 时取得最大值 13.57×10^4 kPa/m；第三段的地基系数为 9.26×10^4 kPa/m。对总体曲线进行线性拟合，如图 2.9 所示，得其地基系数为 9.8×10^4 kPa/m。同上，对第二次试验曲线进行拟合（图 2.10），第一段曲线方程为 $y=0.032\,7+0.023\,8x^{1.279\,7}$（$0<x<17$），第二段曲线方程为 $y=0.733\,8+6.456\,3\times10^{-4}x^{1.969\,0}$（$17<x<36$），第三段曲线方程为 $y=-0.251\,3+0.049\,6x$（$36<x<42$）。第一段求导为 $0.023\,8\times1.279\,7\times x^{0.279\,7}\times10^6$（kPa/m），地基系数在 $x=17$ 时取得最大值 6.73×10^4 kPa/m；

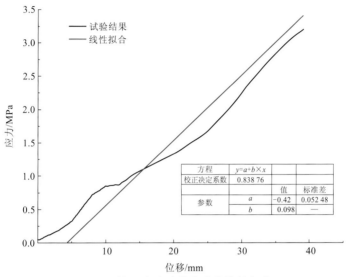

图 2.9　第一次试验总体曲线线性拟合

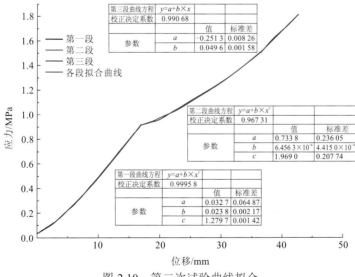

图 2.10　第二次试验曲线拟合

第二段求导为 $6.456\,3 \times 1.969\,0 \times x^{0.969\,0} \times 10^2$（kPa/m），地基系数在 $x=36$ 处取得最大值 4.09×10^4 kPa/m；对第三段求导，获得其地基系数为 4.96×10^4 kPa/m。对第二次试验整体试验结果进行线性拟合，如图 2.11 所示，得其地基系数为 4.0×10^4 kPa/m。综合分析得其地基系数约为 5.0×10^4 kPa/m。

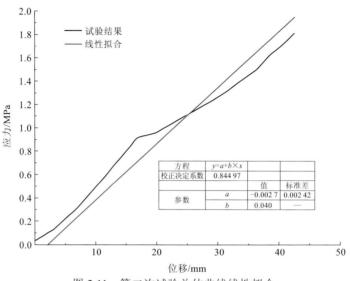

方程	$y=a+b\times x$	
校正决定系数	0.844 97	
	值	标准差
参数	a　　$-0.002\,7$	0.002 42
	b　　0.040	—

图 2.11　第二次试验总体曲线线性拟合

2.2.3　石英砂岩承压板试验

石英砂岩强度大，测试过程较泥岩更难以实现。开挖时，为了保持端面的平整，需细心开凿，否则在端面处容易形成新的节理面。本次试验选择了位于马家沟中桥附近的中风化石英砂岩作为试验对象（图 2.12～图 2.14）。该石英砂岩呈中风化状，表面呈灰白-灰黑色，内部为灰白-灰黄色，锤击声音较脆，质地坚硬，石英含量高，颗粒较大，手感粗糙。依据滑坡桩位开挖出的岩体特征，判定该岩体与滑坡滑床内的石英砂岩相一致。本次试验测得的应力-位移曲线如图 2.15 所示。

图 2.12　石英砂岩试验槽开挖过程

图 2.13　石英砂岩试验槽开挖完成效果

图 2.14　野外测试过程图

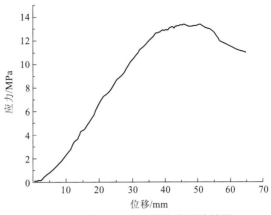

图 2.15　石英砂岩试验结果

截取破坏之前的试验数据进行曲线拟合处理，拟合结果如图 2.16 和图 2.17 所示。第一段曲线的拟合公式为 $y=-0.089\,9+0.124\,5\times x^{1.332\,0}$（$0<x<25$），第二段曲线的线性拟合结果为 $y=0.322\,4+0.338\,7x$（$25<x<37$），第三段曲线的线性拟合结果为 $y=9.565\,0+0.086\,2x$（$37<x<46$），通过求导获得各段地基系数的变化情况。求得第一段曲线的导数为 $0.124\,5\times1.332\,0\times x^{0.332\,0}\times10^{6}$（kPa/m），随着 x 的增大，地基系数逐渐增大，在 $x=25$ 时取得最大值 $48.3\times10^{4}\,\mathrm{kPa/m}$；第二段的地基系数为 $33.9\times10^{4}\,\mathrm{kPa/m}$；第三段的地基系数为 $8.62\times10^{4}\,\mathrm{kPa/m}$，第三段的测试过程中岩体的破坏导致其测量结果大幅下滑。对总体曲线进行线性拟合，得到的拟合公式为 $y=-0.751\,7+0.352x$，可得地基系数为 $35.2\times10^{4}\,\mathrm{kPa/m}$。综合分析得其地基系数约为 $3.5\times10^{5}\,\mathrm{kPa/m}$。

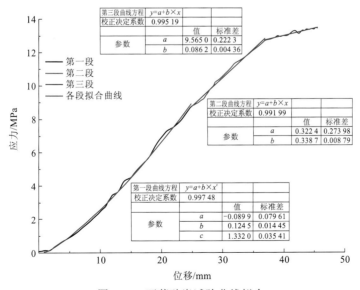

图 2.16　石英砂岩试验曲线拟合

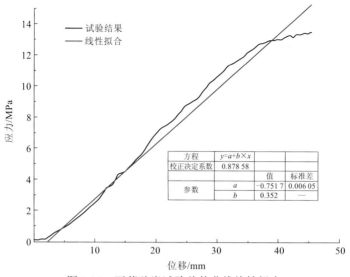

图 2.17　石英砂岩试验总体曲线线性拟合

2.3　纵波波速测试

　　弹性波在介质中的传播速度与其致密程度有关。风化造成岩石孔隙增加，其内部可能存在微裂隙，致使风化岩样的纵波波速小于新鲜岩样。不同类岩石的颗粒大小、胶结物、接触方式不尽相同，纵波波速存在差异。本节对不同岩样进行纵波波速测试，并对其风化程度进行划分。

　　一般使用柱形岩块试样来测定纵波在其中的传播速度，将岩块试样两端打磨平整，在探头与试样之间涂抹耦合剂以排尽空气。使用发射探头在其一端向岩石发射脉冲信号，使用接收探头在另一端接收信号，记录所经历的时间。试样长度除以时间便得到纵波波速。试验使用瑞士 PROCEQ 生产的 Pundit Lab 超声波检测仪来测定岩块纵波波速。该仪器由显示设备、2 只传感器（54 kHz）、2 根电缆线、耦合剂、校准棒等组成。该设备的最小分辨率为 0.1 μs。Pundit Lab 超声波检测仪符合国际及国内技术规程。该设备接收的信号电平在 75% 左右时可获得最佳结果。

　　试验所需岩样规格均是直径为 50 mm（±2 mm），高为 100 mm（±5 mm）的标准圆柱样。在进行试验操作前，利用游标卡尺准确测量岩样的高度和直径。对 Pundit Lab 超声波检测仪进行校准，首先在传感器上涂抹少量耦合剂，将传感器用力按在校准棒的两侧，确保耦合剂均匀分布，且传感器与校准棒之间没有空气。然后将传感器连接到 Pundit Lab 显示设备上，开始校准。仪器校准后，设置好岩样高度和密度，便可以开始测量，通过路径长度除以通过时间便得到岩样的纵波波速，具体步骤如图 2.18 所示。为使结果更加准确可靠，对取自同一块岩石的至少三个标准岩样进行纵波波速测量后，取其平均值作为该种岩石的纵波波速最终结果，测量结果详见表 2.8。

（a）Pundit Lab 超声检测仪　　　　　　（b）检测仪传感器涂抹耦合剂

（c）检测仪岩样波速测量　　　　　　　（d）测量岩样

图 2.18　岩样纵波波速测试图

表 2.8　岩样纵波波速测量结果

岩样分类	岩样编号	信号电平 / %	平均纵波波速 /（m/s）	标准差	波速比 K_v	风化程度
石英粉砂岩	1	100	3 344	0	1.00	未风化
	2	86～88	2 800	4.2	0.84	微风化
	3	100	2 358	6.2	0.71	中等风化
	4	70	2 631	2.6	0.78	中等风化
长石石英砂岩	7	15～20	2 132	2.6	0.40	强风化
	8	100	3 226	0	0.61	中等风化
	10	80～83	2 445	3.5	0.46	强风化
	11	100	5 291	0	1.00	未风化
	12	100	4 566	0	0.86	微风化
钙质砂岩	9	100	5 155	0	1.00	未风化
	13	100	3 460	0	0.67	中等风化
	14	60～65	3 788	8.3	0.73	中等风化
	15	100	4 367	0	0.85	微风化
	16	80～82	2 674	0	0.52	强风化

岩样质量好，结构致密，孔隙少，接收信号电平均为 100%，并且同一块岩石多个岩样的纵波波速测试结果一致，数据集中，标准差为 0。接收信号电平低于 100% 时，同一块岩石不同岩样的纵波波速存在小幅度变化。对于不同类的岩石，由于矿物组成和胶结方式等不同，其纵波波速不一样。岩样纵波波速测试结果显示，长石石英砂岩纵波波速大于钙质砂岩纵波波速，石英粉砂岩纵波波速最小。在同一类岩石内，选取岩质新鲜、波速最大的岩样作为未风化岩样，未风化长石石英砂岩岩块的纵波波速为 5 291 m/s，未风化钙质砂岩岩块的纵波波速为 51 55 m/s，未风化石英粉砂岩岩块的纵波波速为 3 344 m/s。

根据《岩土工程勘察规范（2009 年版）》（GB 50021—2001）（中华人民共和国建设部，2009）风化程度分类，风化岩石与新鲜岩石纵波速度之比被定义为波速比（K_v），波速比为 0.9～1.0 时为未风化，波速比为 0.8～0.9 时为微风化，波速比为 0.6～0.8 时为中等风化，波速比为 0.4～0.6 时为强风化，波速比为 0.2～0.4 时为全风化。将归州取回的各岩样进行风化程度划分，如表 2.8 所示。石英粉砂岩岩样风化程度在未风化至中等风化之间，长石石英砂岩和钙质砂岩岩样风化程度在未风化至强风化之间。

第 3 章

软硬相间地层强度劣化机理

3.1　岩块力学性质及强度劣化

3.1.1　岩块单轴压缩试验

本章对侏罗系软硬相间地层的不同岩性、不同风化程度的岩样进行单轴压缩试验，以分析岩块风化程度与单轴抗压强度、弹性模量等之间的关系。

国际岩石力学学会（International Society for Rock Mechanics，ISRM）建议，进行单轴压缩试验时，试件的高径比为 2∶1，直径为 50 mm，断面平整度不应该超过 0.02 mm，与试件垂直度的偏差在 0.05 mm 以内。使用 INSTRON1346 液压伺服机进行单轴压缩试验，如图 3.1（a）所示。通过轴向施加压力，以 0.01 mm/s 的速度压缩岩样，并分别通过垂直和水平向的位移传感器［图 3.1（b）］获取轴向与径向的位移，最终得到岩样单轴压缩过程中的应力-应变曲线。

（a）INSTRON1346 液压伺服机　　　　　　　（b）加载及位移传感器

图 3.1　单轴压缩试验装置

在试验过程的初始加载阶段，（粉）砂岩试件裂隙压缩闭合，应力-应变曲线呈上凹形；随着荷载的增加，岩块试件进入弹性变形阶段，应力-应变曲线呈近线型；随着荷载的进一步增加，试样进入塑性变形阶段，产生较小的塑性变形后达到峰值强度；之后岩样内部产生肉眼可见的裂隙，试件破坏，应力迅速降低。根据试验过程中的应力-应变曲线图，得到试样的弹性模量、变形模量和泊松比，见表 3.1。

表 3.1　岩样单轴压缩试验结果

岩性	编号	单轴抗压强度/MPa	弹性模量/GPa	变形模量/GPa	泊松比
石英粉砂岩	1-1	47.403	9.850	8.095	0.275
	1-2	43.582	8.395	7.077	0.273
	1-3	48.222	9.411	7.790	0.281
	2-1	42.215	8.980	7.685	0.271

续表

岩性	编号	单轴抗压强度/MPa	弹性模量/GPa	变形模量/GPa	泊松比
石英粉砂岩	2-2	39.391	7.537	6.609	0.285
	2-3	42.531	8.553	7.360	0.261
	3-5	25.294	4.098	3.486	0.307
	3-8	19.471	2.643	2.648	0.239
	3-9	25.112	3.659	3.061	0.256
	4-1	30.934	4.830	3.864	0.254
	4-2	29.113	3.375	2.711	0.278
	4-3	32.750	4.391	3.412 8	0.267
长石石英砂岩	7-3-1	23.391	2.541	1.981	0.254
	7-3-2	15.620	1.646	1.125	0.289
	7-4-2	16.821	1.653	1.292	0.269
	8-1-2	69.582	12.369	10.975	0.214
	8-2-1	74.142	14.327	12.199	0.213
	8-2-2	51.977	10.276	10.088	0.273
	10-1-1	42.123	4.870	3.080	0.220
	10-1-2	32.962	3.201	2.057	0.246
	10-2-2	42.325	4.914	3.017	0.238
	11-1	143.102	24.101	17.075	0.216
	11-2	148.394	23.920	15.727	0.224
	11-3	131.152	22.057	13.813	0.240
	12-1	131.406	22.487	15.140	0.214
	12-2	127.298	22.485	12.396	0.287
	12-3	136.829	23.158	16.654	0.270
钙质砂岩	9-1	131.044	37.991	24.147	0.270
	9-2	135.629	40.083	28.709	0.271
	9-3	123.662	30.287	29.215	0.204
	13-2	49.039	12.000	9.738	0.313
	13-3	45.478	8.105	6.396	0.278
	13-5	59.100	8.534	7.643	0.245
	14-1	80.987	15.188	12.550 4	0.283
	14-2	80.428	12.546	9.876 8	0.260
	14-3	85.052	13.893	10.874 4	0.271
	15-1	99.572	24.169	19.039	0.288

岩性	编号	单轴抗压强度/MPa	弹性模量/GPa	变形模量/GPa	泊松比
钙质砂岩	15-2	165.661	30.571	24.560	0.265
	15-3	105.046	27.236	21.825	0.292
	16-1	56.441	5.099	4.167	0.257
	16-2	53.310	4.459	3.630	0.255
	16-3	58.715	6.018	5.133	0.233

在同一类岩石中，选取岩质新鲜、强度最大的岩样作为未风化岩样。未风化长石石英砂岩岩块、钙质砂岩岩块和未风化石英粉砂岩岩块的单轴抗压强度分别为143.10 MPa、130.11 MPa 和 46.40 MPa。在同一类岩石中，将未风化岩块抗压强度表示为 UCS_0，由风化作用造成的岩块劣化后的强度表示为 UCS_b，风化劣化系数表示为 K_w，则其关系式可以表示为

$$UCS_b = UCS_0 \times K_w \qquad (3.1)$$

本章中的风化劣化系数 K_w 与《岩土工程勘察规范（2009 年版）》（GB 50021—2001）中定义的风化系数相似。《岩土工程勘察规范（2009 年版）》（GB 50021—2001）定义风化系数为风化岩石与新鲜岩石之比，风化系数为 0.9～1.0 时为未风化，风化系数为 0.8～0.9 时为微风化，风化系数为 0.4～0.8 时为中等风化，风化系数＜0.4 时为强风化。从表 3.2 中可以看出，除了第 12 号微风化长石石英砂岩和第 15 号微风化钙质砂岩的风化劣化系数与规范中的风化系数范围存在略微差异，其余岩样的风化劣化系数均与规范中的分类处于同一范围。

表 3.2 岩样单轴抗压强度与弹性模量

岩样分类	岩块编号	单轴抗压强度/MPa	弹性模量/GPa	风化劣化系数 K_w	风化程度
石英粉砂岩	1	46.40	9.85	1.00	未风化
	2	40.71	8.98	0.88	微风化
	3	23.29	4.10	0.50	中等风化
	4	30.93	4.83	0.67	中等风化
长石石英砂岩	7	18.61	1.95	0.13	强风化
	8	65.23	12.32	0.46	中等风化
	10	39.14	4.33	0.27	强风化
	11	143.10	23.36	1.00	未风化
	12	131.86	22.71	0.94	微风化
钙质砂岩	9	130.11	30.29	1.00	未风化
	13	56.16	9.55	0.43	中等风化
	14	82.16	15.50	0.63	中等风化
	15	102.31	21.83	0.79	微风化
	16	51.21	4.89	0.39	强风化

通过试验结果可知，石英粉砂岩的单轴抗压强度为 23.29~46.40 MPa，弹性模量为 4.10~9.85 GPa。长石石英砂岩的单轴抗压强度为 18.61~143.10 MPa，弹性模量为 1.95~23.36 GPa。钙质砂岩的单轴抗压强度为 51.21~130.11 MPa，弹性模量为 4.89~30.29 GPa。在同一类岩石中，随着风化程度的加深，单轴抗压强度减小，弹性模量减小。

为研究同一类岩石不同风化程度下岩样单轴压缩试验效果的区别，选取长石石英砂岩的未风化岩样 11 号和强风化岩样 7 号进行对比分析。未风化岩样 11 号单轴抗压强度为 143.10 MPa，大于强风化岩样 7 号单轴抗压强度 18.61 MPa。未风化岩样 11 号弹性模量为 23.36 GPa，大于强风化岩样 7 号弹性模量 1.95 GPa。通过对比应力-位移曲线图[图 3.2（a）、图 3.3（a）]发现，未风化岩样 11 号应力-位移曲线的上升和下降段均很光滑，在轴向位移 0.75 mm 左右达到峰值，之后迅速下降，呈现为线性关系；强风化岩样 7 号应力-位移曲线的上升和下降段都很粗糙，是由大量小幅度的上升-下降曲线一段段组成的，说明风化作用使岩样内部存在许多小孔隙，在压力作用下孔隙逐渐被压缩闭合，曲线在轴向位移 1.2 mm 左右达到峰值之后下降，下降过程也呈现阶梯状。通过对比岩样破坏方式[图 3.2（b）、图 3.3（b）]发现，未风化岩样 11 号呈现劈裂破坏，劈裂纹路方向沿着岩样中轴；风化作用使得 7 号岩样表面凹凸不平，端面摩擦力增大，岩样两端各有一个锥形的三向应力状态分布区，其余部分除轴向仍为压应力外，径向、环向都处于受拉状态，岩样呈现对顶锥形破坏。

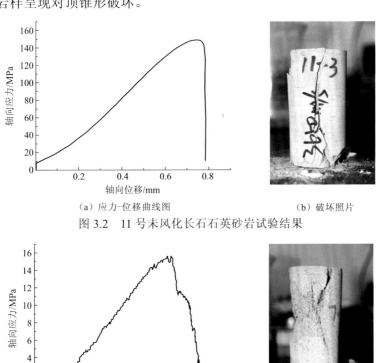

（a）应力-位移曲线图   （b）破坏照片

图 3.2 11 号未风化长石石英砂岩试验结果

（a）应力-位移曲线图   （b）破坏照片

图 3.3 7 号强风化长石石英砂岩试验结果

3.1.2 岩块强度劣化

基于试验研究成果，对试验参数进行归纳整理，如表 3.3 所示，并用指数函数、幂函数、线性函数对表 3.3 中数据进行拟合，拟合曲线如图 3.4～图 3.6 所示，拟合对比分析结果见表 3.4。

表 3.3　归州侏罗系岩石力学参数表

岩样分类	岩块编号	回弹值 SCH	纵波波速 / (m/s)	单轴压缩强度/MPa	弹性模量/GPa
石英粉砂岩	1	37.9	3 344	46.40	9.85
	2	32	2 800	40.71	8.98
	3	18.7	2 358	23.29	4.10
	4	22.2	2 631	30.93	4.83
长石石英砂岩	7	18.5	2 132	18.61	1.95
	8	36.4	3 226	65.23	12.32
	10	27.5	2 445	39.14	4.33
	11	65.3	5 291	143.10	23.36
	12	56.5	4 566	131.86	22.71
钙质砂岩	9	59.7	5 155	130.11	30.29
	13	29.4	3 460	56.16	9.55
	14	40.7	3 788	82.16	15.50
	15	50.6	4 367	102.31	21.83
	16	25.1	2 674	51.21	4.89

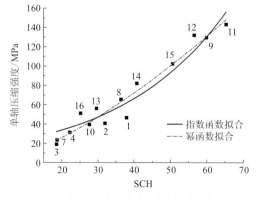

图 3.4　单轴压缩强度与回弹值曲线拟合图

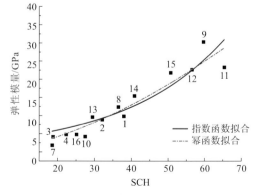

图 3.5　弹性模量与回弹值曲线拟合图

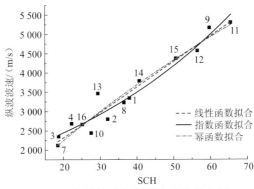

图 3.6 纵波波速与回弹值曲线拟合图

表 3.4 函数拟合参数表

	线性函数 $Y=aX+b$			指数函数 $Y=a\exp(bX)$			幂函数 $Y=aX^b$		
	a	b	R^2	a	b	R^2	a	b	R^2
单轴压缩强度-回弹值	—	—	—	16.1	0.036	0.93	0.37	1.44	0.90
弹性模量-回弹值	—	—	—	2.3	0.042	0.85	0.03	1.70	0.83
纵波波速-回弹值	1 009	66	0.94	1 719	0.02	0.92	269	0.71	0.94

单轴抗压强度与回弹值的最优拟合公式为指数函数：

$$UCS = 16.1e^{0.036 \times SCH} \tag{3.2}$$

式中：UCS 为单轴抗压强度。

岩石弹性模量与回弹值的最优拟合公式为指数函数：

$$E_r = 2.3e^{0.042 \times SCH} \tag{3.3}$$

式中：E_r 为岩石弹性模量。

纵波波速与回弹值的关系用三种函数拟合均可，但是以线性函数最为简洁方便，为此采用线性函数对纵波波速和回弹值进行拟合：

$$V_p = 1\,009 \times SCH + 66 \tag{3.4}$$

式中：V_p 为纵波波速。

基于以上三个经验公式，只需在野外获得现场岩石回弹值，即可估计其单轴压缩强度、弹性模量和纵波波速。假设新鲜岩块的回弹值为 SCH_0，任意风化岩块的回弹值为 SCH_i，则其风化劣化系数可以写为

$$K_w = \frac{UCS_i}{UCS_0} = \frac{16.1e^{0.036 \times SCH_i}}{16.1e^{0.036 \times SCH_0}} = e^{0.036 \times (SCH_i - SCH_0)} \tag{3.5}$$

式中：UCS_i 为任意风化岩块的单轴抗压强度，同 SCH_i 表示方法。

以岩样的回弹值估算岩体的单轴抗压强度、弹性模量和泊松比具有较大的优势。通常含有结构面的岩石在钻取岩心时，上盘岩样就极易受到损伤，不容易制作成标准圆柱样，故难以开展室内岩石力学试验。而回弹仪这种无损的测试仪器能够获取其回弹值，通过以上三个经验公式即可估算相应的力学参数。

3.2 岩体结构劣化

岩体是由岩块和结构面组成的，3.1 节细致地研究了风化导致岩块强度劣化的规律，本节将从结构面破坏岩体完整性的角度揭示岩体强度劣化规律。结构面是在漫长的地质历史中形成的，具有一定方向、长度、形态的地质界面。结构面的存在破坏了岩体的完整性，使岩体整体强度降低，容易变形，同时结构面的不同产状使得岩体呈现出各向异性的特征。在野外实地调查和结构面精细测量的基础上，本节从三峡库区侏罗系岩体结构面特征着手，研究岩体结构劣化机理。

3.2.1 岩体结构面统计与网络模拟

通常对结构面的观察受到露头条件的限制，只能直接观察到部分岩体被切割后的一个面，这对于全面了解岩体力学性质是不够的。特别是在结构面大量存在，且其产状、迹长、间距等不相同时，需要通过计算机技术来揭示岩体内部的裂隙特征。本章以侏罗系中的 III 级、IV 级结构面为研究对象，通过在野外选取合适的露头进行结构面采样，统计分析后建立恰当的概率模型，采用蒙特卡罗（Monte Carlo）方法，在计算机上随机模拟出岩体内的结构面网络，以此揭示岩体结构面的发育规律。

1. 结构面野外采样

测线法是野外常用的结构面采样方法，由 Robertson 和 Piteau 提出（刘佑荣和唐辉明，2009）。该方法不仅可以保证一定的测量精度，而且简单、易操作。具体做法是在岩石露头表面或开挖面布置一条测线。首先量测测线的走向和倾角，然后逐一测量与测线相交结构面的位置、倾向、倾角、半迹长、隙宽和间距，并对结构面端点类型、成因类型、结构面充填情况、胶结情况和粗糙度等进行记录与描述。

2. 结构面分组及几何参数概率分布类型

将结构面以极点的方式投影到赤平极射投影网上，得到结构面等密度图，将结构面进行分组，随后建立各组结构面几何参数的概率模型。

贾洪彪等（2008）根据大量研究，总结出结构面的产状常服从均匀分布、正态分布、对数正态分布。其中，倾向多服从正态分布和对数正态分布，倾角以正态分布为主。半迹长多服从对数正态分布、负指数分布。结构面隙宽常服从负指数分布、对数正态分布。间距多服从负指数分布、对数正态分布。

3. 结构面网络模拟

结构面网络模拟是建立在不确定性理论基础之上，20 世纪 90 年代以来逐渐发展、完善的一种有效的，在室内模拟岩体内结构面的概化建模技术。该技术以结构面的空间几何特征为研究对象，将结构面几何形态简化为薄圆盘，通过统计方法及空间解析几何方法等校正取样偏差，从而求解正确的产状分布、迹长、体密度等几何参数，之后通过蒙特卡罗方法构建结构面的组合形态，生成三维空间内的网络模型。建模的每一步都严格以野外结构面现场地质调查为基础，故该模型是可靠的。同时，通过对应的二维切面，进行图形与现场照片的对比，可使三维网络模型更加贴近现实。近年来，大量研究人员通过结构面网络模拟技术在一定程度上还原了岩体三维形态。贾洪彪等（2008）介绍了岩体结构面网络三维模拟技术及其工程应用方面的研究。李新强等（2007）编制生成了三维结构面（渗流）网络的专用程序，为研究岩体楔形体稳定和连通率求解问题提供了方便。徐黎明等（2011）、徐伟等（2012）在结构面三维网络模拟的基础上，布置测线，模拟钻孔，计算了岩石质量指标 RQD 值。章广成（2008）给出了结构面网络模拟的具体过程。

4. 侏罗系软硬相间地层结构面实测与模拟

以马家沟桥头出露的上侏罗统（J_3）粉砂岩、砂岩软硬相间地层为例，采用测线法对结构面进行精细测量与统计，同时对不同结构类别的岩体开展回弹仪测试，统计回弹值，间接估算岩体强度，研究结构面对岩体劣化的影响，为软硬相间地层结构劣化机理分析提供依据。

根据野外结构面测量结果，基于赤平投影方法，使用结构面分析软件 DIPS 生成马家沟桥头岩体结构面等密度图（图 3.7）。据结构面样本野外地质情况判断与结构面极点图趋势，选择出了三组优势结构面：第 1 组，节理面，样本数目为 27，产状范围为 44°～90°∠51°～88°；第 2 组，节理面，样本数目为 30，产状范围为 138°～175°∠60°～89°；第 3 组，层面，样本数目为 43，产状范围为 235°～338°∠21°～49°。统计结果如表 3.5 所示。

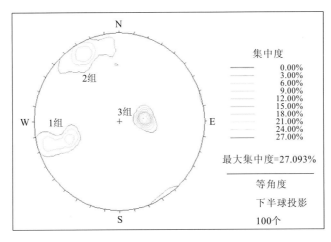

图 3.7　岩体结构面等密度图

表 3.5　结构面分组情况

分组	倾向/(°)	倾角/(°)	平均产状		频数
			倾向/(°)	倾角/(°)	
1	44～90	51～88	70	77	27
2	138～175	60～89	156	80	30
3	235～338	21～49	281	32	43

《岩土工程勘察规范（2009 年版）》（GB 50021—2001）中将岩层厚度（h）分为四类：巨厚层为 $h > 1.0\,\mathrm{m}$，厚层为 $0.5\,\mathrm{m} < h \leqslant 1.0\,\mathrm{m}$，中厚层为 $0.1\,\mathrm{m} < h \leqslant 0.5\,\mathrm{m}$，薄层为 $h \leqslant 0.1\,\mathrm{m}$。根据对侏罗系粉砂岩、砂岩软硬相间地层的野外调查及室内统计分析，结合地质历史沉积环境，本章将侏罗系岩体结构划分为三大类，如图 3.8 所示，图中测线方向为 225°。

图 3.8　岩体结构分类示意图

第一类，如图 3.8 中的 A 区域所示。结构面以层面为主，同时存在大量随机节理，岩体破碎，无法测量节理产状。薄层岩体，层厚 0.05～0.1 m。岩性通常为含泥质较高的粉砂岩，原岩泥质分布于碎屑间隙，起广义的胶结作用，现已变质结晶为绿泥石、绢云母和隐晶、微粒石英并碳酸盐化。

第二类，如图 3.8 中的 B 区域所示。可以观察到三组优势结构面。中厚层岩体，层厚为 0.1～0.5 m。岩性以钙质砂岩、长石石英砂岩为主。

第三类，如图 3.8 中的 C 区域所示。三组优势结构面均发育明显，均可测产状，图中标有字母 C 的左侧可以观察到一个由三组优势结构面构成的楔形体。厚层至巨厚层岩体，层厚为 1～2 m，有些地方达到 3 m 以上。岩体结构较完整，除三组优势结构面外，其余杂乱节理较少。岩性通常为石英细砂岩，粒度多为 0.05～0.15 mm，极少数者达 0.20 mm；成分以石英为主，次为硅质岩、泥质硅质岩、硅质泥岩、长石，含少量云母片、磁铁矿、绿帘石、电气石、锆石等。岩石碎屑以石英和石英质岩屑为主，颗粒支撑类型，胶结较为牢固。

以上三种岩体结构反映了侏罗系软硬相间地层的沉积差异，若将三种结构混合统计研究，难以体现软硬相间地层独特的地质特征及力学特性。因此，本章将三类岩体结构分开进行研究，循序渐进地探寻结构面对岩体力学强度的影响。

1）A 类薄层岩体

A 类岩体结构面以层面为主，同时存在大量随机节理，岩体破碎，无法测量节理产状。因此，A 类岩体仅存在层面这一组优势结构面（表 3.5 中的第 3 组结构面）。得到该组结构面几何参数的频率分布直方图，如图 3.9 所示。各几何参数的概率分布类型、均值和标准差见表 3.6。

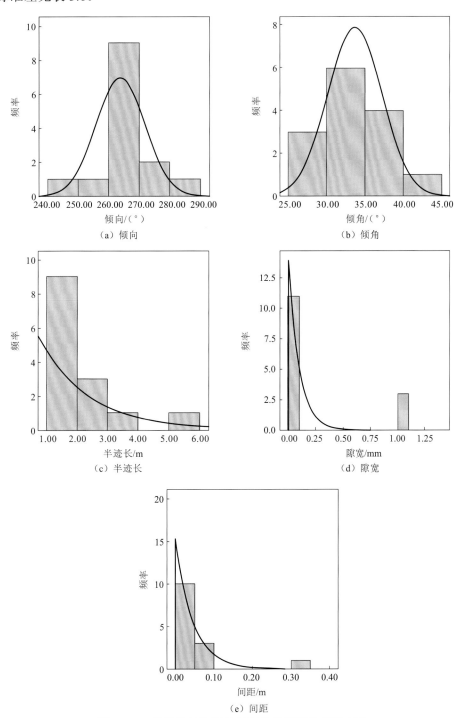

图 3.9 A 类岩体结构面几何参数的频率分布直方图

表 3.6　A 类岩体结构面各几何参数概率分布模型

节理编号	几何参数	概率分布类型	均值	标准差
	倾向	正态分布	263.57°	9.605°
	倾角	正态分布	33.50°	5.08°
3 组	半迹长	负指数分布	1.93 m	0.997 m
	隙宽	负指数分布	0.21 mm	0.426 mm
	间距	负指数分布	0.06 m	0.078 m

通过 K-S 检验得到该组优势结构面倾向、倾角均服从正态分布，且结构面产状均值为 263.57°∠33.50°，倾向标准差为 9.605°，倾角标准差为 5.08°。该组优势结构面的半迹长服从负指数分布，平均半迹长为 1.93 m，半迹长标准差为 0.997 m。该组优势结构面的隙宽服从负指数分布，平均隙宽为 0.21 mm，标准差在 0.4 mm 左右。该组优势结构面的间距服从负指数分布，平均间距为 0.06 m。各组结构面间距标准差在 0.078 m 左右。除层面以外，其余随机节理无法测量，因此无法统计其几何特征分布参数，故用随机数代替，以进行结构面三维网络模拟。将生成的结构面网络模拟图切出一个走向与测线走向一致的剖面，即 225° 的剖面，以方便判断结构面网络模拟结果与野外采集结果是否吻合，是否需要校正参数。模型确定后，将模拟结果切割成规则的 7 m×7 m×7 m 的立方体，如图 3.10 所示。获得 A 类岩体体密度为 8.11 条 / m³。

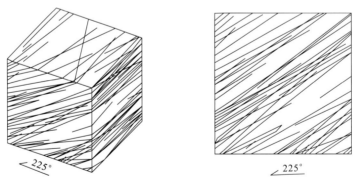

图 3.10　A 类岩体结构面网络图（正面为测线方向 225°）

2）B 类中厚层岩体

B 类岩体可观察到三组优势结构面。在表 3.5 分组基础上，得到各组结构面几何参数的频率分布直方图，如图 3.11 所示。各几何参数的概率分布类型、均值和标准差见表 3.7。

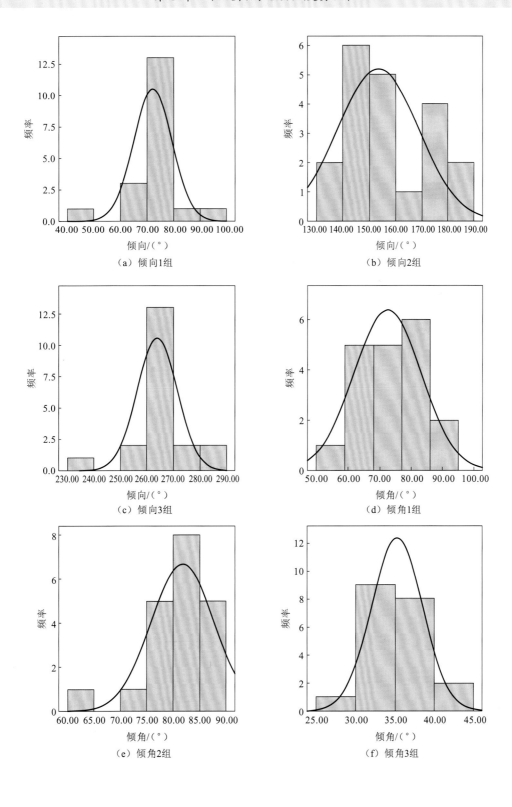

（a）倾向1组

（b）倾向2组

（c）倾向3组

（d）倾角1组

（e）倾角2组

（f）倾角3组

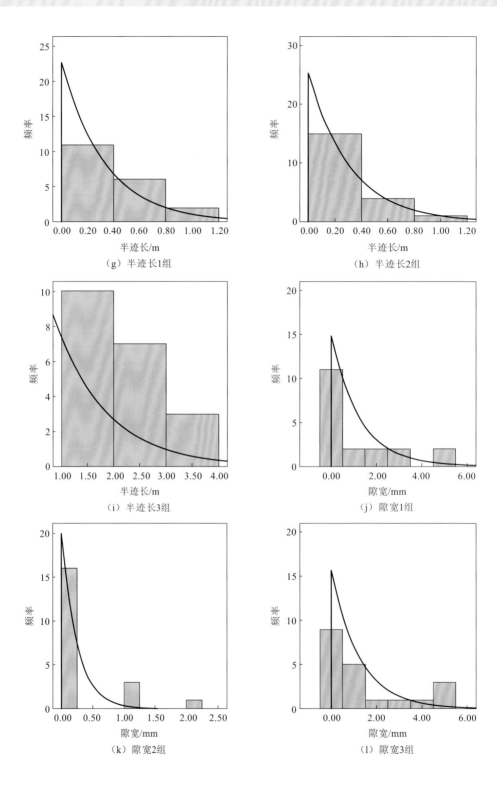

（g）半迹长1组

（h）半迹长2组

（i）半迹长3组

（j）隙宽1组

（k）隙宽2组

（l）隙宽3组

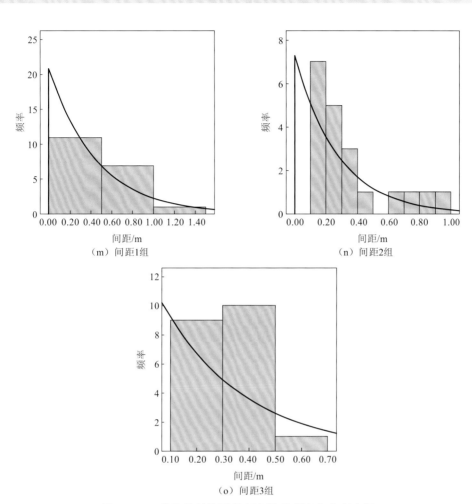

图 3.11　B 类岩体结构面几何参数的频率分布直方图

表 3.7　B 类岩体结构面各几何参数概率分布模型

节理编号	几何参数	概率分布类型	均值	标准差
	倾向	正态分布	71.84°	9.388°
	倾角	正态分布	73.11°	10.413°
1 组	半迹长	负指数分布	0.41 m	0.217 m
	隙宽	负指数分布	1.16 mm	1.708 mm
	间距	负指数分布	0.53 m	0.284 m
	倾向	正态分布	155.70°	16.167°
	倾角	正态分布	80.85°	7.051°
2 组	半迹长	负指数分布	0.34 m	0.173 m
	隙宽	负指数分布	0.25 mm	0.55 mm
	间距	负指数分布	0.35 m	0.247 m

节理编号	几何参数	概率分布类型	均值	标准差
3 组	倾向	正态分布	263.4°	10.174°
	倾角	正态分布	34.95°	3.993°
	半迹长	负指数分布	1.88 m	0.604 m
	隙宽	负指数分布	1.45 mm	1.877 mm
	间距	负指数分布	0.31 m	0.13 m

通过 K-S 检验得到各组优势结构面倾向、倾角均服从正态分布，且各组优势结构面产状均值分别为 71.84°∠73.11°、155.70°∠80.85°、263.4°∠34.95°。倾向标准差为 9.388°～16.167°，倾角标准差为 3.993°～10.413°。

各组优势结构面的半迹长均服从负指数分布，平均半迹长分别为 0.41 m、0.34 m、1.88 m，半迹长标准差为 0.173～0.604 m。各组优势结构面的隙宽均服从负指数分布，平均隙宽分别为 1.16 mm、0.25 mm、1.45 mm。隙宽标准差在 0.55～1.877 mm。各组优势结构面的间距均服从负指数分布，平均间距分别为 0.53 m、0.35 m、0.31 m。各组结构面间距标准差在 0.2 m 左右。根据结构面几何特征分布参数，进行结构面三维网络模拟，结果如图 3.12 所示。获得 B 类岩体体密度为 3.92 条/m³。

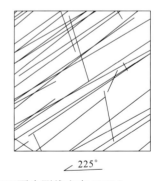

图 3.12　B 类岩体结构面网络图（正面为测线方向 225°）

3）C 类厚层至巨厚层岩体

C 类岩体三组优势结构面均发育明显，各类参数均可测。在表 3.5 分组基础上，得到各组结构面几何参数的频率分布直方图，如图 3.13 所示。各几何参数的概率分布类型、均值和标准差见表 3.8。通过 K-S 检验得到各组优势结构面倾向、倾角均服从正态分布，且各组优势结构面产状均值分别为 74.25°∠63.25°、156.1°∠77.7°、262.78°∠32.22°。倾向标准差为 6.798°～17.266°，倾角标准差为 4.944°～8.957°。

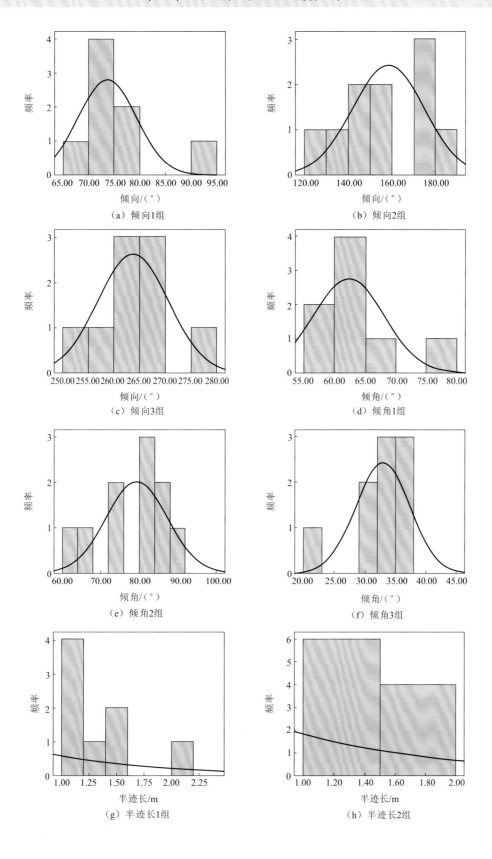

（a）倾向1组

（b）倾向2组

（c）倾向3组

（d）倾角1组

（e）倾角2组

（f）倾角3组

（g）半迹长1组

（h）半迹长2组

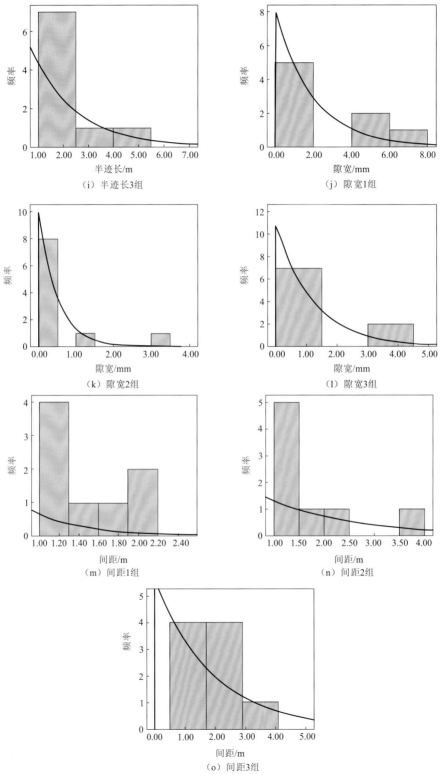

图 3.13　C 类岩体结构面几何参数的频率分布直方图

表 3.8　C 类岩体结构面各几何参数概率分布模型

节理编号	几何参数	概率分布类型	均值	标准差
1 组	倾向	正态分布	74.25°	6.798°
	倾角	正态分布	63.25°	7.046°
	半迹长	负指数分布	1.29 m	0.364 m
	隙宽	负指数分布	2.13 mm	2.997 mm
	间距	负指数分布	1.52 m	0.429 m
2 组	倾向	正态分布	156.1°	17.266°
	倾角	正态分布	77.7°	8.957°
	半迹长	负指数分布	1.2 m	0.258 m
	隙宽	负指数分布	0.40 mm	0.966 mm
	间距	负指数分布	1.68 m	0.978 m
3 组	倾向	正态分布	262.78°	7.328°
	倾角	正态分布	32.22°	4.944°
	半迹长	负指数分布	2.11 m	1.219 m
	隙宽	负指数分布	1.11 mm	1.167 mm
	间距	负指数分布	1.93 m	0.729 m

　　各组优势结构面的半迹长均服从负指数分布，其平均半迹长分别为 1.29 m、1.2 m、2.11 m，半迹长标准差为 0.258~1.219 m。各组优势结构面的隙宽均服从负指数分布，其平均隙宽分别为 2.13 mm、0.40 mm、1.11 mm。隙宽标准差为 0.966~2.997 mm。各组优势结构面的间距均服从负指数分布，平均间距分别为 1.52 m、1.68 m、1.93 m。各组结构面间距标准差为 0.429~0.978 m。根据以上结构面几何特征分布参数，进行结构面三维网络模拟，模拟结果如图 3.14 所示。获得 C 类岩体体密度为 0.347 条/m³。

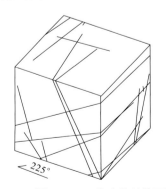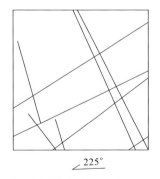

图 3.14　C 类岩体结构面网络图（正面为测线方向 225°）

3.2.2 分形方法估计岩体强度

岩体力学参数是评价岩体性质的重要指标，其取值一直是岩土工程特性研究的重要内容之一。结构面是岩体的重要组成部分，结构面的存在破坏了岩体的完整性，从而使岩体力学强度劣化。目前，有许多研究岩体力学强度参数的方法，但在确定复杂岩体的力学特性方面，大都有一定的适用范围和局限性。而分形几何能较好地描述岩体的不规则性和不确定性，在岩体力学参数的研究中得到了很好的应用。

1975 年，美籍法国数学家 B. B. Mandelbrot 创立了分形几何学，其研究对象是自然界和社会生活中广泛存在的无序、无规则而具有自相似性或统计自相似性的系统。1985年起，学者们创造性地引入分形方法对裂隙岩体进行非连续变形、强度和断裂破坏的研究（谢和平，1997）。岩体内发育有大量复杂的结构面，传统欧几里得几何难以描述结构面的分布特性。分形是指局部与整体形似的集合。研究表明，岩体结构面的分布状态、间距大小、张开度等特征在一定的范围内表现出统计自相似性（张彦洪和柴军瑞，2009）。本章针对岩体节理的分形特征，用分形盒维数法研究三峡库区侏罗系的岩体强度劣化情况。

1. 岩体节理分布的分形描述

岩体由岩块和结构面组成，要探讨节理岩体强度，首先要对复杂结构面分布状态进行描述。自从分形被引入岩石力学领域以来，大量研究证明，无论结构面的规模大小，从毫米级的裂隙到千米级的断层，都可以用分形方法描述其分布特征。

分形盒维数是一种较好的分形维数计算方法，具体是用边长为 r 的盒子来覆盖图形，并统计完全覆盖图形所需最少盒子的数量 N。这里的盒子，在一维情况下是线段，在二维情况下是正方形，在三维情况下是立方体，r 称为盒子尺寸。因此，岩体中节理分布可表示为

$$N = Cr^{-D} \tag{3.6}$$

式中：C 为比例常数；D 为分形维数。将这种关系表示在双对数坐标系中，可以得到 $\ln N$ 与 $\ln r$ 的关系曲线，其斜率就是分形维数 D。卢波等（2005）和冯增朝等（2005）通过大量结构面网络模拟试验及理论推演得到三维分形维数等于二维分形维数加 1，这为研究裂隙岩体的物理力学性质提供了很大的方便。因此，本章研究露头剖面上的二维裂隙网络分形维数，同样能够反映岩体整体的结构面分布规律。

2. 岩体强度劣化与分形维数的关系

高峰等（2004）研究节理岩体的强度时，发现分形维数增大导致岩体强度非线性降低，推导出的岩体强度公式是非初等积分。非初等积分公式非常复杂，其值只能通过数值分析得到，然后作图表示，如图 3.15 所示。该曲线刚开始下降明显，随后在 1.0 附近下降趋势变缓慢，之后开始趋于稳定。这种趋势与指数函数的趋势很接近，因此可以利用修正的负指数函数来表示岩体强度与分形维数的关系。赵小平等（2014）通过电子计算机断层扫描（computed tomography，CT）扫描、探测岩体内部裂隙并重建模型，结合

室内试验，证明了分形维数与裂隙岩体的单轴压缩强度呈对数关系，即单轴压缩强度与分形维数呈指数函数关系。这也验证了以分形维数为变量的指数函数关系表征岩体强度劣化的可行性。

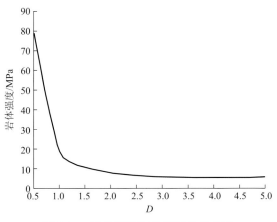

图 3.15 岩体强度与分形维数的关系

3. 实例计算

三峡库区秭归归州水田坝辛家坪胡家沟桥南，大片出露中厚层长石石英砂岩和钙质砂岩，由于该层处于厚层与薄层的过渡区域，岩性较为相近，而结构面的发育程度存在差异，故选择该处岩体作为本章研究对象。将岩体依次分为若干测点，分别进行拍照取样与精细描述，并在现场测得各测点的回弹值（表 3.9）。为得到回弹值，每一个测点的测量范围约为 300 mm×300 mm 的正方形，通过现场照片及素描图，选取六个典型测点用分形盒维数法进行量测（图 3.16），探究不同发育程度的结构面对岩体强度的影响。

表 3.9 胡家沟砂岩实测数据

测点号	测线位置	回弹值 SCH	岩性描述	照片编号
1	0.6	32.8	较破碎砂岩	图 3.16（a）
2	2.0	37.7	较破碎砂岩	图 3.16（b）
3	4.2	31.0	较破碎砂岩	图 3.16（c）
4	5.9	28.8	破碎砂岩	图 3.16（d）
5	7.1	33.1	较破碎砂岩	图 3.16（e）
6	7.4	29.2	较破碎砂岩	图 3.16（f）

通过分形盒维数法统计得到辛家坪胡家沟六个典型测点的参数，如表 3.10 所示。基于此作 $\ln N$ 与 $\ln r$ 的关系曲线，如图 3.17 所示，拟合直线的斜率就是分形维数 D，求得 $D_1=1.28$，$D_2=1.15$，$D_3=1.42$，$D_4=1.56$，$D_5=1.33$，$D_6=1.46$。直线拟合效果很好，说明岩体结构面的确具有自相似性。

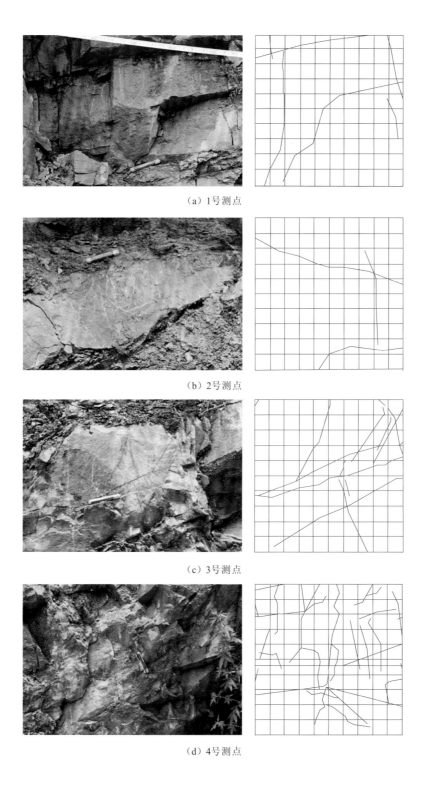

（a）1号测点

（b）2号测点

（c）3号测点

（d）4号测点

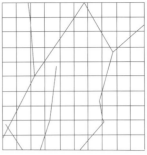

（e）5 号测点

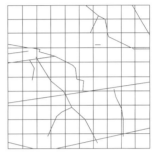

（f）6 号测点

图 3.16 砂岩节理照片与分形维数量测

表 3.10 分形维数计算参数表

$\ln r$	1 号测点		2 号测点		3 号测点		4 号测点		5 号测点		6 号测点	
	N	$\ln N$	N	$\ln N$	N	$\ln N$	N	$\ln N$	N	$\ln N$	N	$\ln N$
3.0	1	0.0	1	0.0	1	0.0	1	0.0	1	0.0	1	0.0
2.3	4	1.4	4	1.4	4	1.4	4	1.4	4	1.4	4	1.4
1.9	9	2.2	6	1.8	8	2.1	9	2.2	9	2.2	9	2.2
1.6	14	2.6	10	2.3	14	2.6	15	2.7	14	2.6	14	2.6
0.7	38	3.6	22	3.1	51	3.9	79	4.4	43	3.8	60	4.1
-0.4	118	4.8	71	4.3	168	5.1	210	5.3	137	4.9	194	5.3
-0.9	191	5.3	121	4.8	314	5.7	561	6.3	221	5.4	346	5.8

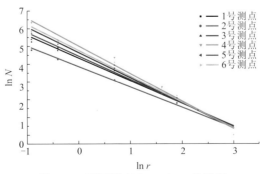

图 3.17 不同测点 $\ln N$-$\ln r$ 曲线图

根据野外调查，节理裂隙发育程度为 2 号测点＜1 号测点＜5 号测点＜3 号测点＜6 号测点＜4 号测点。通过分形量测得到分形维数 $D_2<D_1<D_5<D_3<D_6<D_4$。由以上结果发现，岩体节理越发育，分形维数越大。

分形盒维数法不仅适用于以上正方形二维测点，也适用于大范围的裂隙岩体。周福军等（2012）通过研究发现，不连续面的三维分形维数也存在尺寸效应，当岩石试样尺寸增大到 $7m \times 7m \times 7m$ 时，三维分形维数趋于稳定。因此，本章通过结构面网络模拟程序生成的厚层至巨厚层、中厚层、薄层模型图（边长为 7m），选取沿测线 225° 方向的剖面，利用分形盒维数法得到了 A、B、C 三类岩体的分形维数，且 $D_A=1.55$，$D_B=1.45$，$D_C=1.29$。

3.2.3　岩体强度劣化公式的确定

假设岩块劣化后的强度等同于完整岩石的强度，则以岩块劣化后的强度（表示为 UCS_b）为基数，乘以结构劣化系数（表示为 K_d），即岩体劣化后的强度（表示为 UCS_m）。根据现场裂隙岩体回弹仪测试结果与本章得出的式（3.3）和式（3.4）分别计算出各测点裂隙岩体的单轴压缩强度和弹性模量，详见表 3.11。基于辛家坪胡家沟六个典型测点分形维数的计算结果，推导了基于结构面分形维数 D 的结构劣化系数 K_d。

表 3.11　侏罗系裂隙砂岩岩体参数表

测区编号	D	SCH	UCS_m/MPa	E_r/GPa
1	1.28	32.80	54.19	13.65
2	1.15	37.70	64.96	16.73
3	1.42	31.00	50.69	12.66
4	1.56	28.80	46.73	11.55
5	1.33	33.10	54.79	13.82
6	1.46	29.20	47.43	11.75

由表 3.11 的数据作图 3.18，拟合得到关系式为 $UCS_m=200 \times e^{-D}$，$R^2=0.90$。已知该类岩体为钙质砂岩到长石石英砂岩过渡层，通过 3.1 节室内试验测得岩块强度约为 130MPa。考虑到岩性差异对岩体强度的影响，以上关系式中的常数项会因岩性不同而取值不同。因此，将经验公式改写为同时含有岩块强度 UCS_b 和岩体结构面分形维数 D 两个变量的关系式更为合适，即

$$UCS_m = UCS_b \times 1.5e^{-D} \tag{3.7}$$

代入式（3.1），得

$$UCS_m = UCS_0 \times K_w \times K_d \tag{3.8}$$

其中，K_w 为风化劣化系数，为风化岩块单轴压缩强度与新鲜岩块单轴压缩强度的比值，可通过回弹仪测量并换算后间接得到；K_d 为结构劣化系数，与岩体结构面发育程度有关，可以通过分形维数利用 $K_d=1.5e^{-D}$ 间接得到。

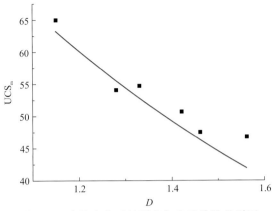

图 3.18　岩体劣化后的强度与分形维数关系图

3.3　基于地质强度指标 GSI 法的岩体劣化公式验证

3.3.1　地质强度指标 GSI 法

为了获取裂隙岩体强度，Hoek 和 Brown（1980）提出了著名的节理化岩体破坏准则：

$$\sigma_1 = \sigma_3 + \sqrt{m_r \sigma_c \sigma_3 + s \sigma_c^2} \tag{3.9}$$

式中：σ_1 为岩体破坏时的最大主应力；σ_3 为岩体破坏时的最小主应力；σ_c 为组成块的单轴抗压强度；m_r，s 为与岩性及结构面情况有关的常数。

Hoek-Brown 经验方程提出以后得到了普遍关注和广泛应用。同时，发现了它的一些不足之处，后经修改，提出了广义 Hoek-Brown 方程（Hoek and Brown，1997）：

$$\sigma_1 = \sigma_3 + \sigma_c \left(\frac{m_b}{\sigma_c} \sigma_3 + s_r \right)^{\alpha_r} \tag{3.10}$$

式中：$m_b = m_i \exp\left(\dfrac{\text{GSI} - 100}{28} \right)$，$m_i$ 是与岩石破碎程度有关的常数，GSI 为地质强度指标。

对于 GSI＞25 的岩体，$s_r = \exp\left(\dfrac{\text{GSI} - 100}{9} \right)$，$\alpha_r = 0.5$；对于 GSI＜25 的岩体，$s_r = 0$，$\alpha_r = 0.65 - \dfrac{\text{GSI}}{200}$。

地质强度指标 GSI 主要考虑了岩体结构和表面质量这两个主要因素，通过曲线图表确定其取值。然而，Hoek-Brown 所定义的岩体地质强度指标 GSI 只有概化的区间，缺乏定量化的方法。Sonmez 和 Ulusay（1999）对其进行完善，通过引入岩体的结构级数 SR 及岩体表面条件等级 SCR 来量化岩体 GSI 的取值，具体取值划分如图 3.19 所示。其中，结构级数 SR 建立在岩体单位体积节理数 J_v 上，具体取值如图 3.20 所示。岩体表面条件等级 SCR＝R_r＋R_w＋R_f，其中 R_r 表示结构面粗糙程度，R_w 表示风化程度，R_f 表示结构面填充情况，根据程度不同各分为五个等级，如表 3.12 所示。

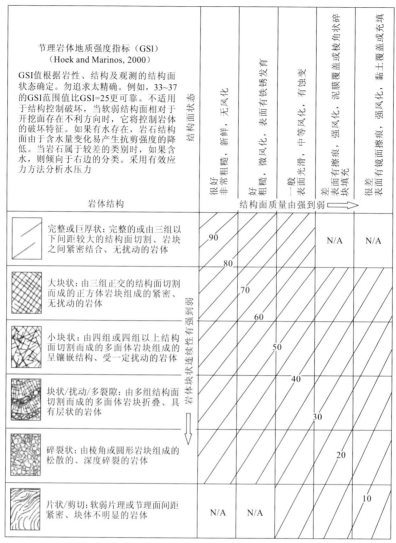

图 3.19 GSI 量化取值图

N/A 表示不存在

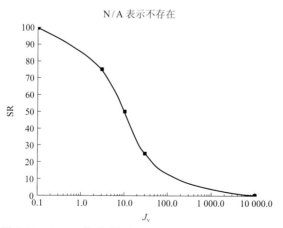

图 3.20 SR - J_v 取值图（Sonmez and Ulusay，1999）

表 3.12 SCR 取值表（Sonmez and Ulusay，1999）

结构面粗糙程度（R_r）	很粗糙	粗糙	较粗糙	光滑	擦痕
	6	5	3	1	0
风化程度（R_w）	未	微	中等	强	全
	6	5	3	1	0
结构面填充（R_f）	无	硬（<5 mm）	硬（>5 mm）	软（<5 mm）	软（>5 mm）
	6	4	2	2	0

注：SCR=$R_r+R_w+R_f$。

修正后的 GSI 使得 GSI 在岩体质量评价和岩体力学参数评估方面得到了更广泛的应用，同时也吸引了更多研究人员开展岩体地质强度指标 GSI 的取值和量化方面的研究，如基于 GSI 法的裂隙化岩体力学参数的确定（胡建华 等，2012），岩体变形模量和扰动系数的估计（宋彦辉和丛璐，2014），岩质边坡稳定可靠分析（张永杰 等，2011）等。又如，胡盛明和胡修文（2011）、王新刚等（2015）对 GSI 评分表格进行了量化研究，并构建了新的量化取值表格，使其取值更合理，更易于操作。

3.3.2 侏罗系砂岩劣化参数的验证

三峡库区归州马家沟桥头出露有侏罗系粉砂岩、砂岩软硬相间地层，不同岩性分化程度不一样，若将该地区岩体作为整体来进行 GSI 评分，取值难以统一，符合块状硬岩性质的指标不适用于薄层状软岩，故本章地质强度指标 GSI 评估仍基于 3.2.1 小节将岩体按不同特征分为 A、B、C 三类来开展。

A 类岩体为石英粉砂岩，层面明显，垂直于层面的方向有大量随机节理岩体，非常破碎，岩体为强风化，部分地方全风化崩解散落，岩体相互之间连续性较差，通过结构面网络模拟得到 $J_v=8.11$，查表得 SR=55。结构面粗糙程度 $R_r=5$；岩体为强至全风化，$R_w=0$；裂隙填充 <5 mm 的多数为泥质填充，少量存在钙质填充，$R_f=2$。因此，SCR=5+0+2=7。通过查表可知，GSI=40。该类岩体为石英粉砂岩，室内试验测得新鲜岩块单轴抗压强度约为 46.4 MPa。

B 类岩体发育有三组节理，还存在一些随机节理，岩体扰动较少，相互之间连续性较好，通过结构面网络模拟得到 $J_v=3.92$，查表得 SR=70。结构面粗糙程度 $R_r=6$；岩体为中等风化，$R_w=3$；裂隙填充 <5 mm 的为钙质填充，$R_f=6$。因此，SCR=6+3+4=13。通过查表可知，GSI=60。该类岩体属于过渡层，同时存在石英粉砂岩、钙质砂岩、长石石英砂岩，室内试验测得三种新鲜岩块单轴抗压强度均值约为 103 MPa。

C 类岩体发育有三组正交结构面，为长石石英砂岩，岩体间相互连接很好，岩体没有扰动，通过结构面网络模拟得到 $J_v=0.347$，故 SR=92。结构面粗糙程度 $R_r=6$；岩体为微风化，$R_w=5$；裂隙无填充，$R_f=6$。因此，SCR=6+5+6=17。通过查表可知，GSI=

80。根据室内试验得到新鲜长石石英砂岩的单轴抗压强度为 140 MPa。

劣化岩体的单轴抗压强度可由式（3.10）在 $\sigma_3=0$ 时求得，$\sigma_A=1.65\,\text{MPa}$，$\sigma_B=11.2\,\text{MPa}$，$\sigma_C=46.1\,\text{MPa}$。基于本章提出的劣化公式（3.8），A 类岩体为强风化，根据野外回弹值测试结果，取风化劣化系数 $K_w=0.1$，根据结构面网络模拟与分形计算的结果，结构劣化系数 $K_d=0.32$。同理，得到 B 类岩体为中等风化，风化劣化系数 $K_w=0.4$，结构劣化系数 $K_d=0.35$；C 类岩体为微风化，取风化劣化系数 $K_w=0.8$，结构劣化系数 $K_d=0.41$。因此，求得 $\text{UCS}_A=1.48\,\text{MPa}$，$\text{UCS}_B=14.6\,\text{MPa}$，$\text{UCS}_C=46.4\,\text{MPa}$。

两种方法得到的结果较为相近，如表 3.13 所示，表明本章提出的劣化公式是合理的。A 类薄层岩体与 C 类厚层至巨厚层岩体计算的结果非常相近，而 B 类中厚层岩体得到的结果相差较大。B 类作为两者的过渡区域，无论是岩性还是岩体结构都是变化的，这是造成两种方法估计结果差异较大的主要原因。

表 3.13　侏罗系软硬相间岩体强度劣化估算

分类	GSI 法	本章 $\text{UCS}_m=\text{UCS}_0\times K_w\times K_d$
A 类薄层岩体	1.66	1.48
B 类中厚层岩体	11.16	14.42
C 类厚层至巨厚层岩体	46.09	45.92

除有效估算出岩体强度力学参数外，本章提出的劣化公式还能够清晰地反映出岩体随着时间的推移强度逐渐劣化的过程。沉积环境会造成岩石性质和结构的差异，可以通过式中 UCS_0 的不同取值来体现这种强度劣化过程。随后经过建造作用形成岩体层面，通过构造作用形成节理，利用人工改造产生卸荷裂隙等，使岩体结构面发育程度不断提高。为此，可以通过式中结构劣化系数 K_d 的不同取值来表征岩体强度的劣化过程。之后，接近地表的岩石与大气、水、生物等接触的过程中，会产生物理、化学变化，随着时间的推移，力学强度进一步降低。为此，可以利用式中风化劣化系数 K_w 的不同取值来表征岩石强度的劣化过程。

3.4　江水干湿循环致岩体多尺度劣化

降雨和库水是影响三峡库区水库滑坡变形及演化状态的重要因素，滑坡短时快速变形多发生在库水位下降期。受广泛分布的软硬相间地层控制，三峡库区秭归盆地滑坡多发。水-岩作用是一种影响岩石性质的重要风化作用，库水（长江水）的长期干湿循环会对软硬相间地层产生劣化作用，使岩石的物理力学性质改变，从而影响滑坡变形特征、稳定性及演化状态。基岩地层性质的劣化也会削弱抗滑桩等防护措施的嵌固效果，降低已防治滑坡的稳定性，对库区居民生命财产安全、交通运输及水库运行产生极大威胁。因此，研究江水干湿循环对岩石的劣化效应及劣化机理是揭示库区滑坡演化及防护机理的重要前提。

3.4.1 样品描述和准备

本章所研究的砂岩和泥质粉砂岩取自湖北秭归归州，位于三峡库区秭归盆地内（图 3.21）。砂岩和泥质粉砂岩是该区侏罗系软硬相间地层的典型岩石，其矿物成分如表 3.14 所示，两种岩石矿物类型一致，但泥质粉砂岩伊利石和方解石的含量明显大于砂岩，石英含量明显小于砂岩，因此泥质粉砂岩具有更高的水敏性和更低的强度。砂岩和泥质粉砂岩的天然密度分别为 2.63 g/cm³ 和 2.39 g/cm³，单轴抗压强度分别为 121.67 MPa 和 82.03 MPa，抗拉强度分别为 7.60 MPa 和 4.85 MPa。

图 3.21 取样（砂岩、泥质粉砂岩、江水）点位置

表 3.14 天然砂岩和泥质粉砂岩矿物成分

岩性	伊利石/%	绿泥石/%	石英/%	方解石/%	钠长石/%	微斜钾长石/%
砂岩	4.41	4.48	54.24	9.08	23.88	3.91
泥质粉砂岩	16.28	1.29	36.74	21.26	22.68	1.75

砂岩和泥质粉砂岩取样点江水的主要离子的物质的量浓度和 pH 结果如表 3.15 所示（离子的物质的量浓度小于 0.02×10^{-5} mol/L 的未列出，且研究中不考虑），显示江水为弱碱性，pH 为 7.8，江水主要阳离子成分为 Ca^{2+}、Na^+、Mg^{2+} 和 K^+，主要阴离子成分为 Cl^-、NO_3^- 和 SO_4^{2-}。此外，由于 HCO_3^- 离子的物质的量浓度易受环境因素影响，本章研究也不作为关键离子考虑。

表 3.15 江水离子的物质的量浓度及 pH

$c(Na^+)$ /(mol/L)	$c(K^+)$ /(mol/L)	$c(Mg^{2+})$ /(mol/L)	$c(Ca^{2+})$ /(mol/L)	$c(Cl^-)$ /(mol/L)	$c(NO_3^-)$ /(mol/L)	$c(SO_4^{2-})$ /(mol/L)	$c(HCO_3^-)$ /(mol/L)	pH
97.39	5.00	47.00	128.75	69.92	15.41	53.73	244.34	7.8

本章所述砂岩和泥质粉砂岩多尺度性质包括岩石多尺度物理性质（如微观孔隙参数、宏观局部 CT 值、矿物成分）和宏观力学性质（宏观整体单轴抗压强度、抗拉强度）。其

中，CT 值代表了岩石 CT 切面的性质，因此称为宏观局部性质，单轴抗压强度、抗拉强度代表了岩石试样整体的力学性质，因此称为宏观整体性质。

本书中砂岩包括 93 个大圆柱试样（$\Phi 50\,mm \times 100\,mm$）和 90 个小圆柱试样（$\Phi 50\,mm \times 25\,mm$），泥质粉砂岩包括 33 个大圆柱试样（$\Phi 50\,mm \times 100\,mm$）和 60 个小圆柱试样（$\Phi 50\,mm \times 25\,mm$）。为了保证试样的均匀性，所取试样均从几个完整均一的大石块中切割取得。在这其中，砂岩 90 个大试样和 90 个小试样分别用来做单轴压缩试验和巴西劈裂试验，剩余 3 个试样用来做 CT 扫描；泥质粉砂岩 30 个大试样和 60 个小试样分别用来做单轴压缩试验和巴西劈裂试验，剩余 3 个试样用来做 CT 扫描。试样准备依据国际岩石力学学会标准测试方法的规定，试样上下面长度误差不超过 0.5 mm，试样上下面平整度误差不超过 0.1 mm。本次试验中砂岩 3 个大试样和 1 个小试样在测试前损坏，但每组试验有 3 个试样保证试验结果的可靠性。

3.4.2　试验与统计方法

1. 试验步骤

研究中试样首先在江水 25 ℃条件下浸泡 25 天以保证充足的水-岩作用时间，然后在烘箱 110 ℃条件下烘干 24 h 以完全移除试样水分。美国材料与试验协会（American Society of Testing Materials，ASTM）指出，只有含石膏的岩土材料会在标准烘干温度（110±5 ℃）下逐渐脱水反应，而砂岩和泥质粉砂岩烘干过程中矿物成分含量稳定。由于此后需要开展岩石性质及水离子成分测定，规定一个完整的干湿循环周期为 30 天，干湿循环次数为 5 次。CT 试样在每个干湿循环周期后采用干燥试样进行 CT 扫描，其后进行下一周期干湿循环处理与测试，直到五个周期处理与测试完成。

采用多种试验方法测试砂岩和泥质粉砂岩在干湿循环劣化作用下的多尺度物理力学性质，并在每个干湿循环周期后测量水的离子的物质的量浓度来研究水-岩作用机理。具体的试验步骤如下。

（1）砂岩和干湿试样放置于江水中，25 ℃条件下浸泡 25 天。

（2）选取 3 个饱和砂岩试样和 1 个饱和泥质粉砂岩试样进行单轴压缩试验；选取 3 个饱和砂岩试样和 2 个饱和泥质粉砂岩试样进行巴西劈裂试验；选取 1 个饱和砂岩试样和 1 个饱和泥质粉砂岩试样进行扫描电子显微镜（scanning electron microscope，SEM）观测。此外，对三种类型的水进行离子的物质的量浓度测试。

（3）将剩余的试样放置在烘箱 110 ℃条件下烘干 24 h 以移除试样水分。

（4）选取 3 个干燥砂岩试样和 1 个干燥泥质粉砂岩试样进行单轴压缩试验；选取 3 个干燥砂岩试样和 2 个干燥泥质粉砂岩试样进行巴西劈裂试验；选取 1 个干燥砂岩试样和 1 个干燥泥质粉砂岩试样进行 X 射线衍射（X-ray diffraction，XRD）测试和 SEM 观测。此外，对所有 CT 试样进行 CT 扫描。

（5）在每周期干湿循环和试验完成后，将其他试样及所有 CT 试样进行下一周期的干湿循环处理与试验，直至完成五个周期的处理和试验。

2. 试验方法

采用长江水利委员会长江科学院的 RTM-401 仪器开展单轴压缩试验和巴西劈裂试验。所有试验采用位移速率为 0.1 mm/min 的位移伺服模型进行，使试样在 5～10 min 内破坏，试验过程中自动记录轴向荷载和轴向位移。单轴压缩试验可用于获得单轴抗压强度，巴西劈裂试验用于获得抗拉强度。

采用中国地质大学（武汉）地质过程与矿产资源国家重点实验室 PANalytical X′Pert PRO DY2198 衍射仪开展 XRD 测试，定量研究岩石的矿物含量变化情况。测试条件如下：Cu Kα 射线，Ni 滤波，工作电压为 40 kV，工作电流为 35 mA。XRD 图谱扫描范围为 3°～65° $2\theta'$，扫描速度为 4° $2\theta'$/min。

采用华中科技大学同济医学院附属同济医院 GE Discovery CT750 HD CT 机研究岩石试样的宏观局部结构特征。所有试样采用相同的扫描条件，即 120 kV 管电压、自动管电流，扫描间距为 0.625 mm，因此每个试样共有 160 张 CT 影像（圆形切面）。本章利用三张等间距 CT 影像的平均 CT 值研究试样 CT 值的变化规律，其中一张 CT 影像位于试样的中部位置，另外两张 CT 影像距离试样上下面 5 mm（图 3.22）。

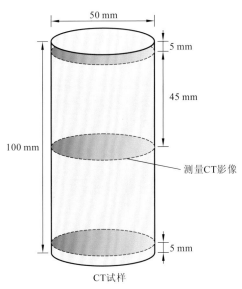

图 3.22　测量 CT 影像位置示意图

CT 值（亨氏放射性密度）表示 X 射线通过材料的衰减程度，表明材料与标准材料的比例密度，其单位为 Hu（空气的 CT 值为-1 000 Hu，水的 CT 值为 0）。利用 CT 值的时空变化规律研究江水干湿循环对岩石宏观结构特征的劣化效应。

采用中国地质大学（武汉）地质过程与矿产资源国家重点实验室 Quanta 200 SEM 仪器研究岩石试样的微观结构特征。将试样制作成尺寸约为 10 mm×10 mm×5 mm 的立方体，在 110 ℃条件下烘干，表面镀金后放入 SEM 仪器观测。SEM 观测条件为加速电压为 20 kV，射束电流为 1～3 nA。

基于放大倍数为 2 000 的 SEM 图片利用颗粒（孔隙）及裂隙图像识别与分析系统 [particles（pores）and cracks analysis system，PCAS] 图像处理软件对岩石微观孔隙率（Φ_m）、分形维数、概率熵和形状系数进行分析，研究江水干湿循环作用下岩石的微观结构（孔隙）特征。在本节中，微观孔隙率 Φ_m 指由 SEM 图片分析所得二维孔隙和孔隙率，与实际三维孔隙有所不同，但仍可用于定量研究岩石微观结构变化特征。概率熵是用来描述孔隙二维定向性的变量，介于 0（所有孔隙方向一致）和 1（孔隙方向完全随机）之间，概率熵越大表示孔隙方向越混乱。形状系数用来描述孔隙形状特性，反映孔隙边缘圆度和粗糙度，形状系数越小，孔隙边缘复杂度越大。圆形形状系数为 1，方形形状系数为 0.785。分形维数（范围为 1～2）用来描述复杂特征的不规则性，也代表孔隙面积增大时形状系数的增加程度。

3.4.3　试验结果

1. 多尺度物理性质

1）矿物成分

在江水干湿循环作用下，砂岩和泥质粉砂岩矿物成分逐渐变化，其中方解石、钠长石和石英含量显著变化（图 3.23）。随着干湿循环次数的增加，方解石和钠长石的含量逐渐降低，而石英含量逐渐增加。石英几乎不与江水中的离子发生反应，而干湿循环作用影响下其他矿物成分的含量显著变化，因此石英含量的渐进增加反映了其他活跃矿物含量的降低。相比于砂岩，泥质粉砂岩矿物成分含量的变化更明显，尤其是方解石和绿泥石。

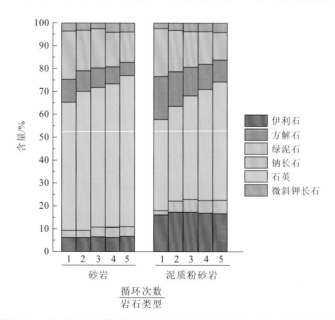

图 3.23　砂岩和泥质粉砂岩干湿循环过程中矿物成分含量变化图

五个干湿循环周期后，江水处理的砂岩的方解石和钠长石含量变化分别为 4.26% 和 7.86%。同时，江水处理的泥质粉砂岩的方解石和钠长石含量变化分别为 9.39% 和 8.77%。

2）CT 值

基于 CT 值（V_{CT}）和损伤率，$\left[D_{CT} \text{和第一周期后} V_{CT} \text{相比，} D_{CT} = \dfrac{(\overline{V}_{CT-i} - \overline{V}_{CT-1})}{\overline{V}_{CT-1}} \times 100\% \right]$ 研究砂岩和泥质粉砂岩密度时空变化规律。利用每个试样的平均 CT 值（$\overline{V}_{CT}$）定量干湿循环周期对岩石的影响规律（图 3.24）：3 个砂岩 CT 试样初始 $\overline{V}_{CT}$ 值为 2 471.58（2 452.87、2 486.87 和 2 475.00），3 个泥质粉砂岩 CT 试样初始 $\overline{V}_{CT}$ 值为 2 265.11（2 267.97、2 274.40 和 2 252.97）。经历一次干湿循环后，江水处理的砂岩试样 $\overline{V}_{CT}$ 值分别为 2 321.88、2 392.63 和 2 314.71；处理的泥质粉砂岩试样 $\overline{V}_{CT}$ 值分别为 2 105.49、2 138.07 和 2 188.63。随着干湿循环次数的增加，砂岩 CT 试样的 $\overline{V}_{CT}$ 值先迅速降低然后逐渐趋于平稳，而泥质粉砂岩 CT 试样 $\overline{V}_{CT}$ 值逐渐降低并趋于平稳。

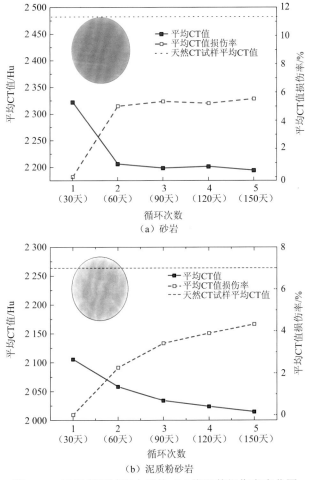

图 3.24　干湿循环过程中平均 CT 值和其损伤率变化图

岩石 CT 试样 CT 值径向分布变化规律如图 3.25 所示。沿每个 CT 影像画 10 个圆，并测量每个圆的 V_{CT} 值，每个试样采用三个等间距分布的 CT 影像求 V_{CT} 均值，研究该值径向分布变化规律。砂岩和泥质粉砂岩径向 V_{CT} 值表现出相同的劣化规律：在第 2 个干湿循环周期迅速下降，随后下降速率逐渐减小。试样表面附近 V_{CT} 值大于内部 V_{CT} 值，试样内部 V_{CT} 值降低速率大于表面附近。推断这一现象是因为试样内部连通和封闭孔隙在干湿循环过程中被侵蚀与破坏；试样表面附近孔隙更易在第 1 个干湿循环周期内受影响，而试样内部的大部分孔隙相较于试样表面附近孔隙更晚受影响。Zhou 等（2016）的研究佐证了这一推断，其研究显示在饱和和干燥过程中，试样表面附近水分的变化比内部区域更明显（图 3.26），因此试样表面附近结构更易受干湿循环作用的影响。此外，第 1 个干湿循环周期后，相比于天然状态，泥质粉砂岩 V_{CT} 值下降程度大，但与前述 $\overline{V}_{CT}$ 值变化趋势相同，在后续干湿循环过程中砂岩 V_{CT} 值下降程度大于泥质粉砂岩。

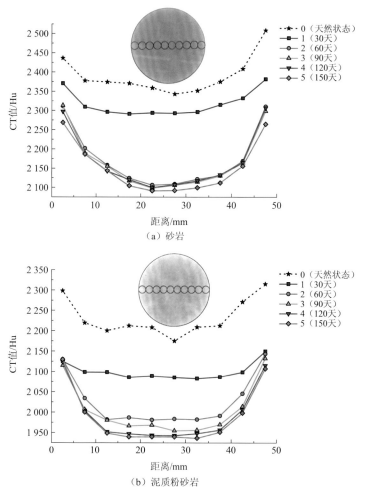

图 3.25　干湿循环过程中径向 CT 值分布图

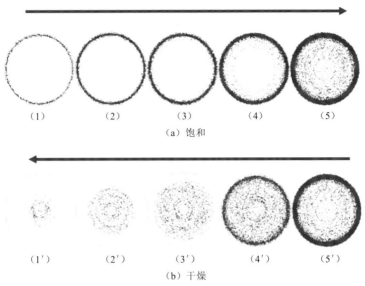

（1）　　　（2）　　　（3）　　　（4）　　　（5）

（a）饱和

（1′）　　　（2′）　　　（3′）　　　（4′）　　　（5′）

（b）干燥

图 3.26　饱和和干燥过程中不同含水状态砂岩核磁共振图像

［据 Zhou 等（2016）修改］

3）微观孔隙

基于 SEM 图像利用 PCAS 图像处理软件对砂岩试样微观孔隙特征及参数进行研究。天然砂岩试样和泥质粉砂岩试样 Φ_m 值分别为 8.23% 和 10.72%。干湿循环过程中砂岩和泥质粉砂岩微观孔隙率变化表现出相似的趋势（图 3.27），结果表明微观孔隙率和干湿循环次数正相关。每个干湿循环周期内干燥试样的 Φ_m 值略大于饱和试样的 Φ_m 值，五个干湿循环周期后，干燥砂岩试样最终的 Φ_m 值为 16.57%～21.30%，干燥泥质粉砂岩试样最终的 Φ_m 值为 18.13%～21.89%。

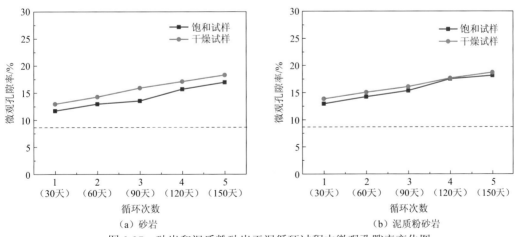

（a）砂岩　　　　　　　　　　　　　　　　（b）泥质粉砂岩

图 3.27　砂岩和泥质粉砂岩干湿循环过程中微观孔隙率变化图

表 3.16 和表 3.17 中孔隙参数代表了干湿循环过程中砂岩和泥质粉砂岩微观孔隙的形态特征。砂岩试样的概率熵为 0.977～0.985，形状系数为 0.380～0.430，分形维数为

1.181~1.219；泥质粉砂岩试样的概率熵为 0.975~0.988，形状系数为 0.365~0.426，分形维数为 1.170~1.230，表示两种岩石试样微观孔隙几乎完全随机分布，几何形状复杂。这些微观孔隙参数都与干湿循环次数呈正相关关系，表示干湿循环过程使得砂岩微观孔隙复杂度逐渐增加。相同干湿循环周期内干燥试样的微观孔隙参数大多数均大于饱和试样，可能是受干燥作用的影响。

表 3.16　砂岩干湿循环过程中微观孔隙参数

孔隙参数	含水状态	循环次数					
		天然	1	2	3	4	5
概率熵	饱和	0.985	0.977	0.980	0.981	0.983	0.985
	干燥		0.977	0.979	0.981	0.984	0.985
形状系数	饱和	0.343	0.382	0.394	0.402	0.411	0.414
	干燥		0.380	0.396	0.412	0.421	0.430
分形维数	饱和	1.230	1.184	1.186	1.191	1.202	1.219
	干燥		1.181	1.205	1.205	1.208	1.219

表 3.17　泥质粉砂岩干湿循环过程中微观孔隙参数

孔隙参数	含水状态	循环次数					
		天然	1	2	3	4	5
概率熵	饱和	0.979	0.978	0.982	0.984	0.985	0.988
	干燥		0.975	0.978	0.985	0.987	0.988
形状系数	饱和	0.399	0.365	0.399	0.404	0.420	0.425
	干燥		0.365	0.392	0.393	0.414	0.426
分形维数	饱和	1.176	1.170	1.201	1.206	1.207	1.220
	干燥		1.191	1.194	1.197	1.229	1.230

2. 宏观强度性质

岩石单轴抗压强度和抗拉强度随干湿循环次数的增加逐渐降低（图 3.28 和图 3.29、表 3.18 和表 3.19）。天然砂岩单轴抗压强度和抗拉强度分别为 121.67 MPa、7.60 MPa，天然泥质粉砂岩单轴抗压强度和抗拉强度分别为 82.03 MPa、4.85 MPa。五个干湿循环周期后，江水条件下砂岩试样单轴抗压强度和抗拉强度分别为 78.08~125.02 MPa、2.62~5.31 MPa；泥质粉砂岩试样单轴抗压强度和抗拉强度分别为 40.10~64.76 MPa、

1.65～3.94 MPa。由于单轴抗压强度和抗拉强度随着干湿循环次数的增加先迅速降低后逐渐趋于平稳，利用指数方程[$\sigma_{lc/lt} = a + b\exp(c \times cn)$]拟合砂岩强度，估计得到砂岩长期单轴抗压强度（$\sigma_{lc}$）和抗拉强度（$\sigma_{lt}$）分别为 77.45～125.02 MPa、2.78～5.13 MPa；泥质粉砂岩长期单轴抗压强度（σ_{lc}）和抗拉强度（σ_{lt}）分别为 40.10～164.76 MPa、1.67～2.33 MPa。同一干湿循环周期内干燥试样 D 大于饱和试样 D，表明干燥过程显著降低了岩石强度。岩石抗拉强度损伤率显著大于单轴抗压强度损伤率，砂岩抗拉强度损伤率和单轴抗压强度损伤率最大值分别为 70.00%、25.28%；泥质粉砂岩抗拉强度损伤率和单轴抗压强度损伤率最大值分别为 64.19%、48.86%。因此，干湿循环作用对岩石拉伸性能的影响大于单轴抗压性能。此外，砂岩抗拉强度损伤率大多数均大于泥质粉砂岩，而砂岩单轴抗压强度损伤率小于泥质粉砂岩。

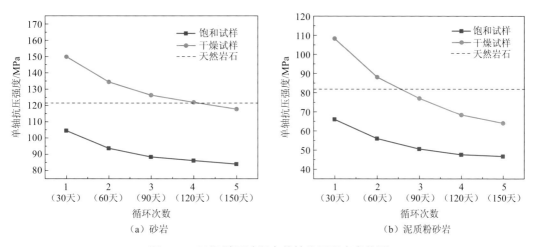

图 3.28　干湿循环过程中单轴抗压强度变化图

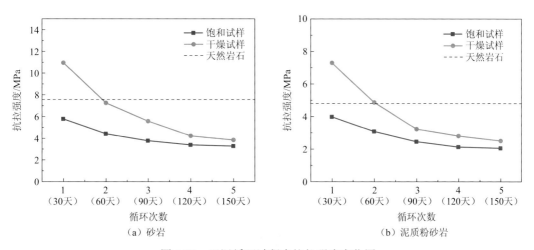

图 3.29　干湿循环过程中抗拉强度变化图

表 3.18 砂岩和泥质粉砂岩第 1 和第 5 个干湿循环周期后单轴抗压强度、
长期单轴抗压强度及单轴抗压强度损伤率

岩石	含水状态	强度 /MPa 或损伤率 /%	水类型		
			江水	离子水	纯水
砂岩	饱和	σ_{c-1s}	104.57	101.51	107.04
		σ_{c-5s}	84.12	78.08	88.45
		σ_{lc-s}	83.04	77.54	86.53
		D_{U-s}	19.55	23.08	17.36
	干燥	σ_{c-1d}	149.93	143.19	156.66
		σ_{c-5d}	117.82	106.99	125.02
		σ_{lc-d}	114.36	103.35	122.57
		D_{U-d}	21.42	25.28	20.20
泥质粉砂岩	饱和	σ_{c-1s}	66.12	63.67	68.13
		σ_{c-5s}	46.85	41.19	49.72
		σ_{lc-s}	45.14	40.10	46.31
		D_{U-s}	29.13	35.31	27.02
	干燥	σ_{c-1d}	108.39	107.11	108.54
		σ_{c-5d}	64.08	54.78	72.61
		σ_{lc-d}	56.17	47.40	64.76
		D_{U-d}	40.88	48.86	33.10

注：σ_{c-1s} 表示第 1 次干湿循环后饱和状态下的单轴抗压强度；σ_{c-5s} 表示第 5 次干湿循环后饱和状态下的单轴抗压强度；σ_{lc-s} 表示饱和状态下的长期单轴抗压强度；D_{U-s} 表示饱和状态下的单轴抗压强度损伤率；σ_{c-1d} 表示第 1 次干湿循环后干燥状态下的单轴抗压强度；σ_{c-5d} 表示第 5 次干湿循环后干燥状态下的单轴抗压强度；σ_{lc-d} 表示干燥状态下的长期单轴抗压强度；D_{U-d} 表示干燥状态下的单轴抗压强度损伤率

表 3.19 砂岩和泥质粉砂岩第 1 和第 5 个干湿循环周期后抗拉强度、
长期抗拉强度及抗拉强度损伤率

岩石	含水状态	强度 /kPa 或损伤率 /%	水类型		
			江水	离子水	纯水
砂岩	饱和	σ_{t-1s}	5.79	5.39	6.17
		σ_{t-5s}	3.29	2.62	3.69
		σ_{lt-s}	3.12	2.78	3.23
		D_{T-s}	43.21	51.30	40.16
	干燥	σ_{t-1d}	10.97	10.57	11.93
		σ_{t-5d}	3.85	3.17	5.31
		σ_{lt-d}	3.15	2.91	5.13
		D_{T-d}	64.91	70.00	55.47

续表

岩石	含水状态	强度 /kPa 或损伤率 /%	水类型		
			江水	离子水	纯水
泥质粉砂岩	饱和	$\sigma_{t\text{-}1s}$	4.00	3.81	4.11
		$\sigma_{t\text{-}5s}$	2.07	1.92	2.17
		$\sigma_{lt\text{-}s}$	1.80	1.67	1.87
		$D_{T\text{-}s}$	48.25	49.61	47.20
	干燥	$\sigma_{t\text{-}1d}$	7.30	6.45	7.80
		$\sigma_{t\text{-}5d}$	2.82	2.31	3.22
		$\sigma_{lt\text{-}d}$	2.15	1.92	2.33
		$D_{T\text{-}d}$	61.37	64.19	58.72

注：$\sigma_{t\text{-}1s}$ 表示第 1 次干湿循环后饱和状态下的抗拉强度；$\sigma_{t\text{-}5s}$ 表示第 5 次干湿循环后饱和状态下的抗拉强度；$\sigma_{lt\text{-}s}$ 表示饱和状态下的长期抗拉强度；$D_{T\text{-}s}$ 表示饱和状态下的抗拉强度损伤率；$\sigma_{t\text{-}1d}$ 表示第 1 次干湿循环后干燥状态下的抗拉强度；$\sigma_{t\text{-}5d}$ 表示第 5 次干湿循环后干燥状态下的抗拉强度；$\sigma_{lt\text{-}d}$ 表示干燥状态下的抗拉强度；$D_{T\text{-}d}$ 表示干燥状态下的抗拉强度损伤率

3.4.4　江水干湿循环致岩石多尺度劣化机理

本章试验结果表明干湿循环过程会对砂岩和泥质粉砂岩抗压强度产生劣化（如矿物成分含量的变化，Φ_m 的增加及 σ_c 和 V_{CT} 的降低）且具有相似的劣化趋势但劣化程度不同。由表 3.14 可知，砂岩和泥质粉砂岩矿物成分组成尤其是石英和方解石相差较大，导致其微观孔隙特征有所差异，且水敏性不同。

水-岩作用主要包括物理作用（泥化、软化等）、化学作用（溶解、氧化还原、离子交换等）和力学作用（渗透力、孔隙水压力等）。本节试验过程中试样均处于拟静力状态，力学作用可基本忽略，物理和化学作用是导致干湿循环作用下砂岩与泥质粉砂岩性质改变的主要原因。

化学分析结果显示试验过程中江水条件下 Na^+ 和 Ca^{2+} 物质的量浓度均显著增加，Cl^-、NO_3^-、SO_4^{2-} 和 K^+ 物质的量浓度增加较小，而 Mg^{2+} 物质的量浓度减小（图 3.30 和图 3.31）。Na^+ 和 Ca^{2+} 物质的量浓度的变化主要反映出钠长石（$NaAlSi_3O_8$）和方解石（$CaCO_3$）的溶解或蚀变，如图 3.23 中 XRD 结果所示。K^+、Mg^{2+}、Cl^-、NO_3^- 和 SO_4^{2-} 物质的量浓度的变化是由水和其他矿物、盐、泥质等成分的溶解、沉淀与离子交换等作用造成的。

对岩石多尺度物理力学性质的测试结果表明江水干湿循环作用对岩石的劣化作用是非常复杂的。综合考虑本书试验结果及前人关于水-岩作用机理的研究，江水干湿循环作用对岩石的劣化机理如下：干湿循环过程中，物理作用、化学作用改变岩石的矿物成分含量和微观结构，使得岩石 Φ_m 增大，微裂隙增多；岩石丰富的微观孔隙和复杂的微观结构导致岩石各向异性更加显著，矿物颗粒之间的胶结变弱；岩石宏观特征进一步改变（如 V_{CT} 降低），岩石变形特征改变（E_r 增加），最终岩石力学性质逐渐减弱，强度不断降低。

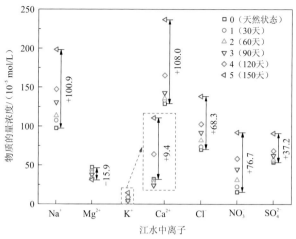

图 3.30　处理砂岩干湿循环过程中离子物质的量浓度变化图

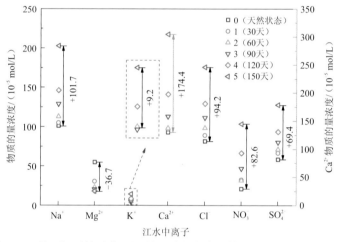

图 3.31　处理泥质粉砂岩干湿循环过程中离子物质的量浓度变化图

3.5　考虑水致劣化与结构特征的岩体参数量化表征

岩体参数的准确估计是开展岩石工程项目的重要前提。如前所述，水-岩作用是影响岩体性质的重要因素。在干湿循环作用下，岩石多尺度物理力学性质劣化效应显著。然而，受岩体结构特征及尺寸效应的影响，岩体参数与常规室内外岩块试样所得参数有所差异。因此，岩体参数的量化表征需要综合考虑水致劣化效应和岩体结构特征。

如 3.3 节所述，岩体的宏观物理力学参数可由岩石的宏观物理力学参数（抗拉强度、单轴抗压强度）及 GSI 值获得，根据式（3.10）可得岩体单轴抗压强度（图 3.32 和表 3.20）和抗拉强度（图 3.33 和表 3.21）随干湿循环次数的增加逐渐降低。五个干湿循环周期后，江水条件下砂岩试样单轴抗压强度和抗拉强度分别为 27.66～49.29 MPa、−0.151 63～−0.045 50 MPa；泥质粉砂岩试样单轴抗压强度和抗拉强度分别为 5.01～11.60 MPa、−0.017 00～−0.004 82 MPa。

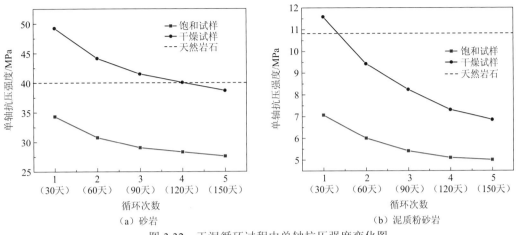

图 3.32　干湿循环过程中单轴抗压强度变化图

表 3.20　砂岩和泥质粉砂岩干湿循环过程中单轴抗压强度

岩石	含水状态	循环次数	单轴抗压强度/MPa
砂岩	饱和	1（30 天）	34.38
		2（60 天）	30.82
		3（90 天）	29.09
		4（120 天）	28.36
		5（150 天）	27.66
	干燥	1（30 天）	49.29
		2（60 天）	44.20
		3（90 天）	41.55
		4（120 天）	40.11
		5（150 天）	38.74
泥质粉砂岩	饱和	1（30 天）	7.08
		2（60 天）	6.01
		3（90 天）	5.42
		4（120 天）	5.11
		5（150 天）	5.01
	干燥	1（30 天）	11.60
		2（60 天）	9.44
		3（90 天）	8.25
		4（120 天）	7.32
		5（150 天）	6.86

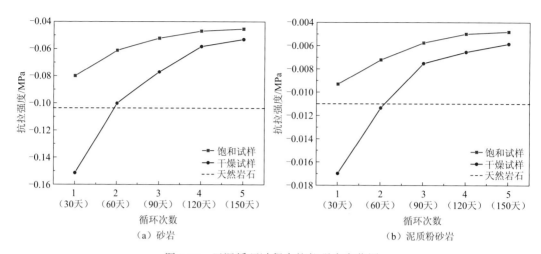

图 3.33　干湿循环过程中抗拉强度变化图

表 3.21　砂岩和泥质粉砂岩干湿循环过程中抗拉强度

岩石	含水状态	循环次数	抗拉强度/kPa
砂岩	饱和	1（30 天）	−80.13
		2（60 天）	−61.30
		3（90 天）	−52.34
		4（120 天）	−47.06
		5（150 天）	−45.50
	干燥	1（30 天）	−151.63
		2（60 天）	−100.38
		3（90 天）	−77.20
		4（120 天）	−58.43
		5（150 天）	−53.20
泥质粉砂岩	饱和	1（30 天）	−9.32
		2（60 天）	−7.22
		3（90 天）	−5.76
		4（120 天）	−5.00
		5（150 天）	−4.82
	干燥	1（30 天）	−17.00
		2（60 天）	−11.36
		3（90 天）	−7.53
		4（120 天）	−6.56
		5（150 天）	−5.86

第 4 章

软硬相间地层抗滑桩嵌固机理
物理模型试验

4.1 相似理论与相似依据

4.1.1 模型试验相似现象

利用试验模型与原型之间相似关系的方法，是指建立原型与试验模型之间各相关参数之间的关系，在室内有限的空间中将原型进行放大或者缩小处理来方便研究，最终将试验模型的结论进行推广。常用的物理试验相似原则一般需要满足几何相似、物理相似及运动学相似三个方面（罗先启和葛修润，2008）。

（1）几何相似现象，是指原型尺寸和模型尺寸的比值（C_L），C_L 的大小受到许多因素的影响，如试验的场地和工作量、测量的条件等。C_L 的值越接近 1，说明在尺寸上试验模型和原型相差不大，试验模型相似量的规律与原型的吻合度越高，试验的结果也越准确。

（2）物理相似现象，模型和原型的各个物理量都有比例关系，虽然这些比值不一定相等，但是各个比值之间根据量纲的关系可以建立一定的比例关系，所以不能人为主观地指定这些比值的大小。

（3）运动学相似现象，即作用在模型及原型上对应点的力具有平行的关系，且力的大小存在一定的比例关系。

4.1.2 模型试验相似原则

滑坡物理模型试验中所涉及的相关参数有模型长度 L、位移 u、应力 σ、应变 ε、材料密度 ρ、弹性模量 E、泊松比 υ、黏聚力 c、内摩擦角 φ，以及重力加速度 g 等。定义原型尺寸与模型尺寸比例为 n，即 $C_L=n$，无量纲相似比定为 1，原型与模型试验相关材料参数相似依据如表 4.1 所示，表中 p 代表原型，m 代表模型。

表 4.1 各试验参数相似原则

参数	定义	关系	相似比
长度 L	$C_L=L_{\mathrm{p}}/L_{\mathrm{m}}$	$C_L=C_L$	n
位移 u	$C_u=u_{\mathrm{p}}/u_{\mathrm{m}}$	$C_u=C_L$	n
应力 σ	$C_\sigma=\sigma_{\mathrm{p}}/\sigma_{\mathrm{m}}$	$C_\sigma=C_LC_\rho$	n
应变 ε	$C_\varepsilon=\varepsilon_{\mathrm{p}}/\varepsilon_{\mathrm{m}}$	$C_\varepsilon=C_u/C_L$	1
材料密度 ρ	$C_\rho=\rho_{\mathrm{p}}/\rho_{\mathrm{m}}$	$C_\rho=C_\sigma/C_L$	1
弹性模量 E	$C_E=E_{\mathrm{p}}/E_{\mathrm{m}}$	$C_E=C_\sigma/C_\varepsilon$	n
泊松比 υ	$C_\upsilon=\upsilon_{\mathrm{p}}/\upsilon_{\mathrm{m}}$	$C_\upsilon=C_\varepsilon$	1
内摩擦角 φ	$C_\varphi=\varphi_{\mathrm{p}}/\varphi_{\mathrm{m}}$	$C_\varphi=C_\upsilon$	1
黏聚力 c	$C_c=c_{\mathrm{p}}/c_{\mathrm{m}}$	$C_c=C_E$	n

4.2　抗滑桩-滑坡物理模型装置

传统模型试验装置具有较多的弊端：一方面，不确定因素过多，很难采用控制变量法研究单一因素对试验结果的影响；另一方面，装置过大，导致试验框架在外荷载作用下产生较大的侧向变形，易造成试验边界条件与实际情况不符，并且结构笨重、复杂，对场地面积要求大，对地基承载力要求高，移动困难，很难开展多组平行对比试验。此外，传统的模型试验考虑因素单一，对组合工况条件下滑坡模拟研究较少，难以开展多因素影响下滑坡致灾机理及设置防治工程后滑坡整体稳定性的研究。

本书采用的是课题组自主研发的抗滑桩-滑坡物理模型试验装置，该装置集成了数据采集系统、自动加载系统于一体，具有操作方便、试验周期短、变量易控制等特点，适合于不同工况下抗滑桩-滑坡相互作用机理的模型试验的研究。图 4.1 为模型示意图，整套装置可分为三个部分，分别为数据采集系统、抗滑桩-滑坡模型框架和自动加载系统。数据采集系统包括抗滑桩桩身应变的采集及桩身位移的实时采集；抗滑桩-滑坡模型框架包括滑床、滑体及抗滑桩三个部分；自动加载系统为自动加载方式。软硬相间滑床结构具有典型的层状结构特征，在其中进行抗滑桩设计时应考虑多种因素对抗滑桩嵌固效果的影响，然而为了更清楚地反映正交节理对抗滑桩加固滑坡的影响，考虑到单一变量的原则，认为每组工况中岩层产状与滑动面产状一致，且上部硬岩厚度保持一致，模型示意图及实景图分别如图 4.1、图 4.2 所示。

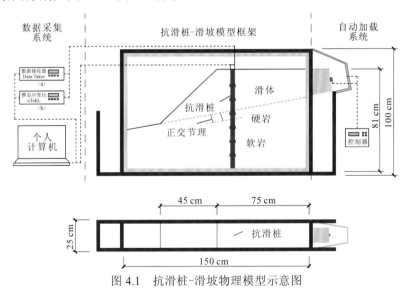

图 4.1　抗滑桩-滑坡物理模型示意图

本试验装置适用于与抗滑桩-滑坡相互作用有关的研究，根据不同的试验要求可以自主调整滑体形态、滑床岩层组合（软硬岩层）、抗滑桩尺寸和布桩位置、后缘加载方式及抗滑桩桩间距，以达到所需的研究目的。该模型试验装置的研发在一定程度上促进了滑坡地质力学模型试验研究方法的发展，也为以后更深入地研究抗滑桩-滑坡相互作用机理提供了一定的技术支撑。

图 4.2 抗滑桩-滑坡物理模型试验实景图

4.2.1 抗滑桩-滑坡模型框架

抗滑桩-滑坡物理模型试验最为核心的部分就是抗滑桩-滑坡模型框架，该框架如图 4.1 所示，尺寸为 150 cm×100 cm×25 cm（不包含左右两侧水箱尺寸）。为满足试验实时观测的需要，装置前侧为 8 cm 厚可开关钢化玻璃门；装置后侧为 5 mm 厚钢板，设有纵横加肋钢筋，保证框架有足够的强度。此外，在装置的两侧分别设有尺寸为 25 cm×50 cm×25 cm 的两个水箱，可控制边坡的水位线，模拟库水位的变动，为后期扩展使用，本书中未使用该部分。右侧水箱上侧为一传力装置，通过该装置可以将作用于后缘的推力以均布荷载的形式作用在滑体上。

4.2.2 数据采集系统

本试验中涉及的数据采集主要包括抗滑桩桩身应变采集及沿滑动方向抗滑桩桩身水平位移的实时采集两个部分，分别采用静态应变仪与柔性测斜仪两种设备进行采集。对两种数据进行实时采集，经过后期数据的处理，即可揭示桩身不同时刻的变形特征。

桩身应变采集采用 uTelK 静态应变仪（uT7110）。uT7110 静态应变采集系统是一种内置三个 CPU 来完成数据的采集、处理、通信等各种功能的工程型静态电阻应变仪。因其具有低漂移、低噪声、操作方便、高线性度、高精度及高稳定性等特点，被广泛用于各类实验室和工程应力应变测量。uT7110 静态应变采集系统主要包括 uT71 主控模块和静态应变仪两个部分，uT71 主控模块与计算机采用 USB 接口，可直接通过 USB 连接计算机完成应变数据的高速采集与储存；与静态应变仪之间采用双向 485 总线连接。微型电阻应变片的主要参数如下：型号为 BX120-20AA，灵敏系数为 2.09，正负误差为 0.5%，精度等级为 A 级，栅长×栅宽为 20 mm×3 mm。

桩身位移最能直接反映抗滑桩在滑坡治理中的抗滑效果，因此实时获取桩身位移显得尤为必要。本试验采用本课题组自主研发的柔性测斜仪实时采集桩身不同深度位移，并实时传输至计算机储存，为后期分析提供数据。如图 4.3（a）所示，该仪器包含探头、控制器和个人计算机软件。探头由若干个重力加速度测量单元通过 485 总线连接成一个柔性的条带；控制器用来给探头供电，控制采样，以及与个人计算机软件建立通信连接；个人计算机软件的功能是对采集数据进行处理并绘制出抗滑桩变形形状，如图 4.3（b）所示。

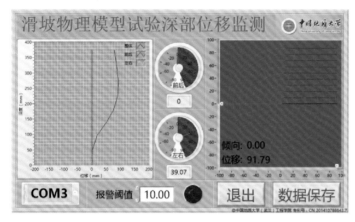

（a）柔性测斜仪整体构成　　　　　　　　（b）测斜仪个人计算机软件界面

图 4.3　桩身位移采集装置

4.2.3　自动加载系统

推移式滑坡的形成机理是由于滑坡后缘崩积物的不断堆积，滑坡后缘荷载的不断增大，当前缘滑体提供的抗力不足以抵挡滑坡后缘下滑时，滑坡最终整体滑动。考虑到这一实际情况，滑坡物理模型试验中后缘加载采用逐级分阶段加载的形式，通过逐渐增大后缘推力来模拟不同程度的堆载。滑坡后缘自动加载系统主要包括千斤顶、步进电机、控制器和压力传感器四个部分。加载装置原理图及实际装置图分别如图 4.4（a）、（b）所示。根据试验加载方案的需求进行编程，然后将程序导入控制器 [图 4.4（c）] 中来实现自动加载。考虑实际滑坡演化为连续渐进的过程，滑坡推力应为连续递增状态，通过编程可以将滑坡推力在规定的加载时间段内控制在一个稳定值，并随着时间推移均匀分级加载。试验中所使用的压力传感器 [图 4.4（d）] 的具体参数属性如下：量程为 5～500 kg，灵敏度为 1.5 mV/V±0.2 mV/V，综合精度为 0.1%，输入阻抗为 700 Ω±1 Ω，输出阻抗为 705 Ω±5 Ω。

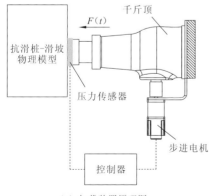

（a）加载装置原理图

（b）实际装置图

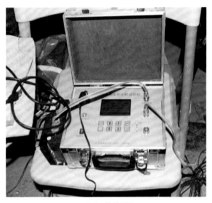

（c）控制器

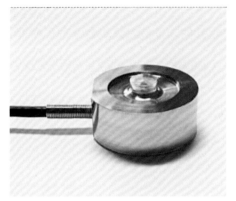

（d）压力传感器

图 4.4　后缘自动加载系统

4.3　双层软硬相间地层抗滑桩嵌固机理物理模型试验

4.3.1　模型试验材料

1. 滑体

为了模拟实际抗滑桩与滑体的相互作用状态，滑体由标准砂和黏土按配合比 1∶1 配制而成。筛分后的标准砂加入一定比例的黏土可提高滑体的密实度及黏结力，与纯标准砂相比可减少后缘推力的消散，能使更多的推力有效地传递到抗滑桩桩身，有利于研究抗滑桩桩身的土压力分布规律。

2. 滑床

试验中将滑床制作为软、硬岩互层结构。滑床共分为两层，软岩和硬岩厚度按设计工况的百分比确定。为了达到软岩与硬岩强度对比明显的效果，又为了满足浇筑需要，硬岩材料配合比为 G（砂子）∶G（水泥）∶G（石膏）∶G（水）＝3∶1∶1∶1，软岩材料配合比为 G（砂子）∶G（水泥）∶G（石膏）∶G（水）＝9∶1∶1∶1.75。

3. 滑带

滑坡为顺层滑坡，滑带形状为直线形。滑带宽 2 cm，与水平面夹角为 10°。滑带材料配合比为 G（砂子）∶G（石膏）∶G（玻璃珠）∶G（橡胶）＝4∶1∶1∶1。为测得试验材料的物理力学参数，开展了一系列室内物理力学试验，包括单轴抗压试验、直剪试验、环剪切试验，用来测试软岩、硬岩、滑体及滑带的力学强度参数。试验中软、硬岩试样尺寸为 70 mm×70 mm×70 mm，养护 4 天。试验测得材料的力学参数见表 4.2。

表 4.2　物理模型试验材料力学参数表

材料名称	干密度 ρ_d/ (g/cm³)	弹性模量 E/GPa	黏聚力 c/MPa	内摩擦角 φ/ (°)
滑带	1.62	0.008	0.018	12.0
滑体	1.87	0.024	0.024	15.0
滑床软岩	1.96	2.080	0.300	19.3
滑床硬岩	2.16	4.350	1.160	28.0

4. 模型桩

由于桩身需要开设卡槽,且需具有较大的强度,通过对常规试验材料的筛选,模型桩采用高密度聚乙烯(high density polyethylene,HDPE)制作而成,它具有耐磨性强、拉伸弯曲性能好、可塑性强等特点,如图 4.5 所示。抗滑桩物性参数如下:密度为 2.15 g/cm³,泊松比为 0.22,弹性模量为 2.83 GPa,内摩擦角为 22°,黏聚力为 1.3 MPa。

图 4.5　HDPE 模型桩

4.3.2　试验方案

软硬互层滑床结构具有典型的层状结构特征,在其中进行抗滑桩设计应考虑多种因素对抗滑桩嵌固效果的影响。本节针对软硬互层滑床结构抗滑桩嵌固机理开展室内物理模型试验,主要考虑不同桩长、不同层厚比对抗滑桩受力特征及变形特点的影响。

图 4.6 为物理模型试验滑坡模型示意图,呈现了软硬互层滑坡的主要组成部分及设计主体。物理模型试验过程中先将滑床分成 5 份,每份岩层占滑床部分的 20%,工况设

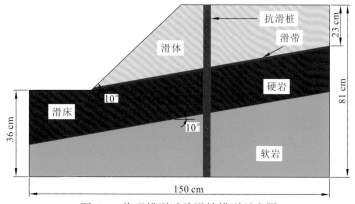

图 4.6　物理模型试验滑坡模型示意图

计时将滑床分成两层，分别为硬岩和软岩，上部为硬岩，下部为软岩，共设计八种工况，以软岩、硬岩相对百分含量来考虑层厚比的影响。常规工况如图 4.7 所示。通过工况一（滑床上部 20% 为硬岩，下部 80% 为软岩）、工况二（滑床上部 40% 为硬岩，下部 60% 为软岩）、工况三（滑床上部 60% 为硬岩，下部 40% 为软岩）、工况四（滑床上部 80% 为硬岩，下部 20% 为软岩）分析不同层厚比对抗滑桩受力特征及变形特性的影响；在工况一的基础上，将抗滑桩上提 10 cm、20 cm、30 cm 来分析不同桩长对抗滑桩嵌固效果的影响。

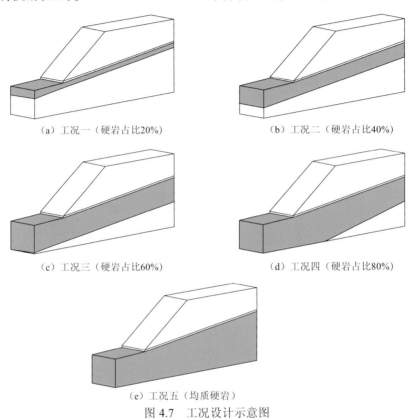

（a）工况一（硬岩占比20%）　　　　（b）工况二（硬岩占比40%）

（c）工况三（硬岩占比60%）　　　　（d）工况四（硬岩占比80%）

（e）工况五（均质硬岩）

图 4.7　工况设计示意图

4.3.3　测试与加载方式

　　试验中土压力、桩身应变数据通过土压力盒与应变片来测取，其布置如图 4.8 所示。模型桩长 81 cm，截面尺寸为 3.5 cm×2.5 cm，嵌固段长 48.7 cm。桩身共布置应变片 14 个、土压力盒 15 个。桩前、桩后分别布置 7 个应变片，间距为 11 cm；土压力盒桩前为 7 个，桩后为 8 个，共 15 个，间距为 11 cm，桩身两侧根据土压力盒尺寸设有卡槽，土压力盒表面与桩身侧面在同一个平面上，使测得的土压力值更符合桩身的实际受力状态。

　　本次试验采用阶梯型加载方式，每 10 min 加载 0.1 kN 的推力。在加载下一级荷载之前利用编程使推力保持在上一级荷载值附近，加载示意图如图 4.9 所示。

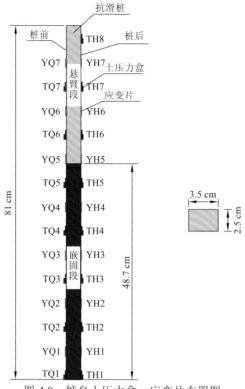

图 4.8　桩身土压力盒、应变片布置图

YQ 为桩前应变片；YH 为桩后应变片；TQ 为桩前土压力盒；TH 为桩后土压力盒

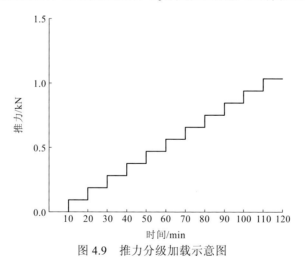

图 4.9　推力分级加载示意图

4.3.4　测试结果与分析

1. 土压力及应变数据采集

试验过程中，抗滑桩桩身的土压力和应变分别通过微型土压力传感器与微型电阻应变片来测量，测取的数据通过接收设备形成数据文件，然后经过线性换算得到所需的土压力值和桩身应变值。土压力盒为一个双臂全桥结构的应变桥，输出的原始信号是应变量，线性换算后得到相应的压力值；应变片输出的原始信号为电阻值，线性换算后得到相应的应变量。

2. 桩顶位移及滑体表面位移数据收集

桩顶位移是分析抗滑桩受力及变形特征的一个重要参数。桩顶位移通过如图 4.3（a）所示的采集系统获取，在试验过程中位移计将实时记录桩顶位移大小并生成曲线，通过桩顶位移时程曲线可直观判断抗滑桩是否失去对滑坡体的加固效果，可作为判断滑坡是否破坏的一个标准。

滑体表面的位移通过所布设的大头针在试验过程中的相对位置来表征。滑体表面位移的不断演化一方面是因为滑体在后缘推力作用下不断压实，另一方面是因为抗滑桩与滑体相互作用过程中，抗滑桩的阻滑作用使滑体局部出现挤压、剪切变形。滑体表面不同部位位移的大小是通过监测点试验前后相对位置的变化来监测的。如图 4.10 所示，其基本上呈上宽下窄的倒梯形分布。

图 4.10　滑体表面位移分布规律实物图

3. 加载方式及破坏判据

软硬互层滑床抗滑桩嵌固机理物理模型试验采用按力加载方式，滑坡演化是外力推动滑坡后缘发生位移的过程。试验采用的自动加载装置，是在原有装置的基础上增设反力装置，调节千斤顶的加载方向，使千斤顶加载方向与滑床角度相同。为了模拟滑坡推力，加载方案采用阶梯式（图 4.9），每 10 min 在后缘施加一级荷载，每级荷载大小为 0.1 kN，施加下级荷载之前荷载值保持在一个固定值。在此期间，随着荷载的传递，滑体不断被压缩并推动抗滑桩。为了保持荷载的稳定，千斤顶量程会发生微小增加以维持本级荷载的恒定。这正是试验所用自动加载装置的一个优点，可以使荷载稳定在一个恒定值，以满足加载方案的需要。

试验过程中由于荷载的不断增加，滑体表面出现隆起、挤压变形。随着时间的推移，桩前出现空隙并不断扩大，形成纵向裂缝。此时，荷载无法施加到滑体上，桩顶位移不再发生变化趋于水平，空隙的出现说明在最大推力作用下滑体已发生整体滑移，抗滑桩失去阻滑效果，滑坡临空面整体向前发生较大位移。从试验现场可以看出，在后缘推力达到一定值时，滑坡瞬时发生整体滑移破坏，与实际的滑坡破坏过程相同，图 4.11 为滑坡破坏过程中的试验现象。

（a）桩前空隙平面形态

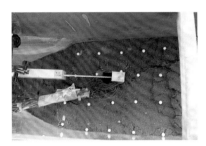

（b）桩前空隙立体形态

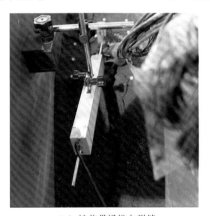

（c）桩前贯通纵向裂缝

图 4.11　滑坡破坏过程中的试验现象

4. 层厚比对桩顶位移演化规律的影响

不同层厚比工况下桩顶位移时程曲线如图 4.12 所示。桩顶位移的演变过程分为三个阶段，即蠕变阶段、加速阶段、剧变阶段，与滑坡的发生发展过程类似。从不同工况的桩顶位移时程曲线可以看出，前期加载过程中桩后土体处于压实阶段，传递到桩身的推力较小，桩顶几乎没有位移，桩顶位移处于蠕变阶段；随着推力的增大，桩顶位移增长速率缓慢增大，桩后滑体被压实，后缘推力不断传递到桩身，桩顶位移变化演变到加速阶段；随着变形的不断积累，当推力增大到使滑坡结构的下滑力接近其抗滑力时，滑坡处于临界破坏状态，桩顶位移在短时间内急速增大，桩顶位移演变处于剧变阶段。此后，滑体从桩两侧挤出，发生滑移破坏，桩顶位移瞬间回弹，几乎呈直线下降，抗滑桩失去阻滑效果。

从桩顶位移时程图中可以明显看出曲线上分布着多个突变点，曲线在两级推力加载之间呈波动状态。这主要受加载方式的影响，试验采用阶梯型加载方式，一方面在两级推力之间的加载过程中，自动加载装置通过预先编程使后缘推力维持在一个恒定值附

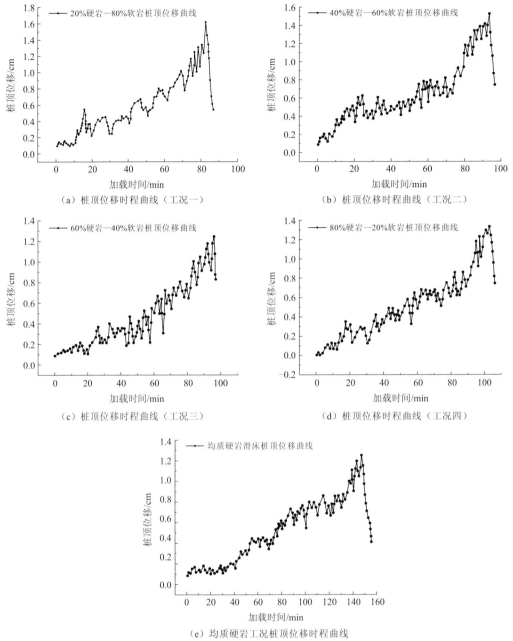

（a）桩顶位移时程曲线（工况一）　　　　　（b）桩顶位移时程曲线（工况二）

（c）桩顶位移时程曲线（工况三）　　　　　（d）桩顶位移时程曲线（工况四）

（e）均质硬岩工况桩顶位移时程曲线

图 4.12　不同层厚比工况下桩顶位移时程曲线

近的小范围内，致使桩顶位移出现上下波动现象；另一方面在两级推力之间的"台阶"处，推力变换的瞬间会出现短暂的释放现象，被高精度、灵敏位移计捕捉，呈现出位移突变。由于加载方案设定为每 10 min 后缘推力增加一级，突变点一般出现在整时段时间点左右，与实际试验过程相符。

由表 4.3 可知，桩顶位移随着滑床硬岩百分含量的增加几乎呈下降趋势，同时有效加载时长呈增长趋势，有效加载时长为桩顶位移达到最大值所需加载时间。试验中，层厚比变化对桩顶位移的影响主要体现在两个方面：一方面，软、硬岩相对百分含量的改变使加载时程发生变化；另一方面，对桩顶位移量有较大影响。总的来说，不同的滑床结构致使抗滑桩嵌固段的嵌固条件发生变化，导致桩与周围岩体相互作用时，受力状态发生变化，呈现出不同的变形特点。

表 4.3　不同层厚比工况桩顶位移及有效加载时长

设计工况	20%硬岩	40%硬岩	60%硬岩	80%硬岩	均质硬岩
桩顶位移/cm	1.61	1.52	1.27	1.33	1.22
有效加载时长/min	83	94	95	104	145

5. 不同桩长对桩顶位移演化规律的影响

不同的桩长对应不同的嵌固段长度，桩上提 10 cm，嵌固段长度为 38.7 cm；桩上提 20 cm，嵌固段长度为 28.7 cm；桩上提 30 cm，嵌固段长度为 18.7 cm。抗滑桩设计时选取合理的嵌固深度对有效发挥抗滑桩的抗滑效果至关重要，嵌固段过长会导致设计过于保守，成本提高；相反，嵌固段不足会造成抗滑桩失效，酿成工程事故。图 4.13（b）中有效加载时长约为 85 min，桩顶最大位移为 1.65 cm；图 4.13（c）中有效加载时长约为 76 min，桩顶最大位移为 1.83 cm；图 4.13（d）中有效加载时长约为 68 min，桩顶最大位移为 2.17 cm。

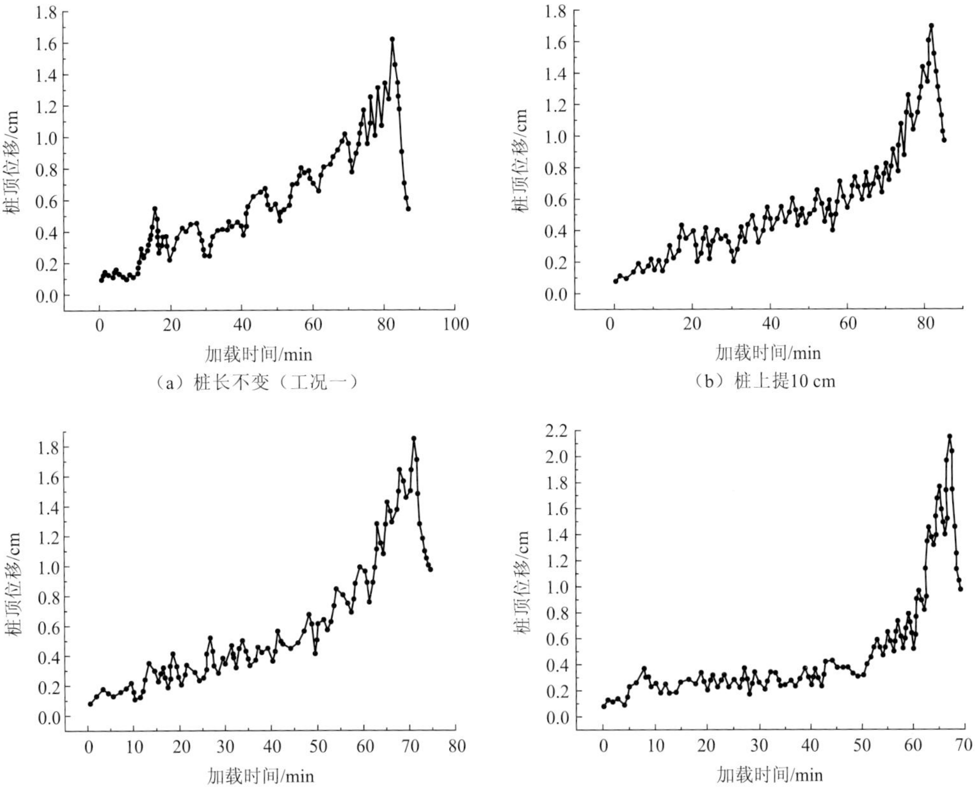

（a）桩长不变（工况一）　　（b）桩上提 10 cm　　（c）桩上提 20 cm　　（d）桩上提 30 cm

图 4.13　不同桩长桩顶位移时程曲线

由不同桩长桩顶位移时程曲线可知，桩长变化同样会导致加载时长和桩顶位移的变化。与层厚比试验的影响正好相反，层厚比试验中随着硬岩百分含量的增加，加载时长不断增加，桩顶位移不断减小；不同桩长试验中随着抗滑桩的不断上提，加载时长不断减少，但桩顶位移不断增大。

随着桩长的不断减小，嵌固段长度不断缩短，导致抗滑桩在下层软岩中的嵌固效果不断减弱。图 4.13（d）与图 4.13（a）相比，桩顶位移相差近 0.5 cm，说明当嵌固段较短时，在较小的后缘推力作用下可能使抗滑桩发生倾倒，桩顶出现较大位移。另外，由桩长上提 30 cm 桩顶位移曲线可明显看出桩顶位移演化过程中的剧变阶段，前期位移累积的蠕变阶段较长，几乎没有加速阶段，位移在很短的时间内急速增大。

4.4　三层软硬相间地层抗滑桩嵌固机理物理模型试验

4.4.1　模型试验材料

模型试验材料包括模型桩、滑体、滑带和滑床四种，模型桩选用尼龙材料，模型桩的弹性模量为 2.83 GPa，模型桩的尺寸为 81 cm×3.5 cm×2.5 cm，受力反馈良好。滑体材料选用干砂与过筛的泥土按比例拌制而成，由于水分的蒸发，每次堆载之前需要对滑体进行称重，均匀补充水量，使滑体维持原有的性质。滑带选用干砂、玻璃珠和橡皮颗粒配制而成。

滑床材料是对野外原位岩体的模拟，综合野外测试的各个参数，实际中以干砂、石灰、石膏和水为原料，以重量为单位进行配比，硬岩的配料中，G（干砂）：G（石灰）：G（石膏）：G（水）=6：2：1：1.5，较硬岩配比为 G（干砂）：G（石灰）：G（石膏）：G（水）=9：2：1：2.25，软岩配比为 G（干砂）：G（石灰）：G（石膏）：G（水）=12：2：1：3。

实际养护时间为 12 h，达到养护时间后用岩样超声波波速测试仪 SonicViewer-SX 进行测试。该仪器包含高压脉冲发射器和接收仪，可以高精度读取 P 波和 S 波的传递情况，精确测得软质岩样的力学参数（图 4.14、图 4.15）。该仪器测试前需在外部测得岩体密度和长度，经过多次声波监测和计算，得出岩体的泊松比、弹性模量和剪切模量三种物理量，另配合室内剪切试验的测试结果，得到材料力学参数的记录，如表 4.4 所示。

图 4.14　测试样品展示　　　　　图 4.15　岩样超声波波速测试仪

表 4.4　物理模型试验材料力学参数表

材料类别	干密度 ρ_d / （g/cm³）	弹性模量 E/GPa	黏聚力 c/MPa	内摩擦角 φ/（°）
滑带	1.62	0.008	0.018	12.0
滑体	1.87	0.024	0.024	15.0
滑床软岩	1.96	0.200	0.300	19.3
滑床较硬岩	2.01	0.350	0.680	25.0
滑床硬岩	2.16	0.450	1.160	28.1

4.4.2　试验方案

软硬相间地层是滑坡体内常见的岩层组合，该岩性组合方式在三峡库区多地得到揭示，如湖北宜昌、恩施，重庆巫山、万州、云阳等地。为研究这种软硬相间多层岩层组合在滑坡演变中的发展规律，以吒溪河流域马家沟滑坡等为基础，概化得到三层滑床的滑坡地质模型，开展三层软硬相间滑床结构中抗滑桩嵌固机理的室内物理模型试验，主要考虑不同岩体组合的软硬相间滑床结构对抗滑桩受力特征及变形特点的影响。

本次试验共包含四种工况，每种工况选用不同的岩体组合，所用岩体材料包括三种：硬层材料、较硬层材料和软层材料。工况一为均质岩层，选用较硬岩材料；工况二中岩体组合由上至下依次为软岩、较硬岩和硬岩；工况三中岩体组合为较硬岩、软岩和硬岩；工况四中岩体组合为硬岩、较硬岩和软岩。试验模型如图 4.16 所示，图中洋红色代表滑体，红色为滑带，黄色为软岩，绿色为较硬岩，蓝色为硬岩。

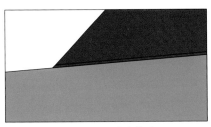
（a）工况一试验模型

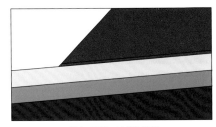
（b）工况二试验模型

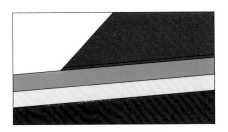
（c）工况三试验模型

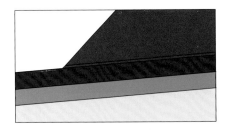
（d）工况四试验模型

图 4.16　各工况试验模型示意图

4.4.3 测试与加载方式

1. 模型抗滑桩模块

模型桩是模型试验的核心部件,所有工作均围绕桩身受力展开,桩身元器件的布置直接影响试验的进程和结果。为固定装配土压力盒,桩身前后均匀开槽,相邻两槽间距为9cm,桩身前后各有8个槽口,可测得桩身各个位置的应力,开槽分布如图4.17所示。

桩身配备三种传感器,第一种为土压力盒,安装于桩身的开槽处。土压力盒受压后内部电压发生变化,监测装置测得电压后可标定出每个土压力盒的受压状况。土压力盒设计的受力区域位于其中心部位,相同大小的力作用于中心部位和边缘位置时,其内部电压发生的变化差异明显。因此,在放置土压力盒时,需保证其端面与模型桩的侧面尽可能地保持平行,放置平稳后用胶带将其固定,并在每次试验后对其表面和周边进行清理。第二种传感器为应变片,每个应变片贴于两槽口之间,与桩身紧密贴合,贴片之前修整桩身表面,保证其平整度。桩身在受力发生变形后,应变片也随之发生变形,根据标定的数值确定桩身形变大小。第三种为加速度计(图4.18),加速度计同样贴于桩身,其运用重力加速度的原理测量变形,精度为0.01mm。三种传感器组合可精确测得任一时刻桩身的应力、应变状态。

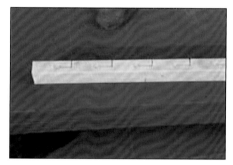

图4.17 模型桩身开槽

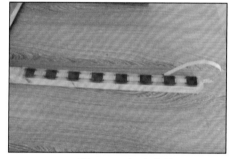

图4.18 加速度计

2. 加载及数据采集模块

加载模块采用的是MTS电液伺服加载装置,其核心部件是一个可提供16t推力的千斤顶,可保证足够的滑坡推力。千斤顶的电机驱动为两相十六进制,为减少振动,实现加载的平稳,驱动与电机之间装配了1/6步进减速机。千斤顶前端装载了压力传感器,实时测得滑坡推力的数值。

该模块的控制中心为课题组开发的原位岩体强度测试控制仪,仪器可接收来自压力传感器和电机等部件的信息反馈,内部程序对全局试验进行控制。数据采集模块主要是对桩身的三种传感器进行监测,第一种为应变采集仪,基于静态应变采集系统,应变片的数据采集间隔时间为2s;第二种为土压力盒的数据采集,采用的仪器为DT80G,采集间隔时间为20s;第三种为对加速度计的数据采集,技术基础为课题组开发的深部位移采集系统，每 2 s 采集一次数据。

4.4.4　测试结果与分析

1. 桩顶位移演化规律

四组工况的试验过程一致，桩顶位移曲线相似，现取出工况四中的桩顶位移时程曲线进行讨论。如图 4.19 所示，桩顶位移随时间的演变过程分为三个阶段，即蠕变阶段、加速阶段、剧变阶段，与滑坡的发生、发展过程对应。从工况四桩顶位移时程曲线可以看出，前期加载过程中加载装置产生的位移较小，桩后滑体主要处于压密阶段，传递到桩身的推力极小，几乎不产生位移，该阶段为蠕变阶段；随着滑坡推力的增大，桩身受力逐渐增大，桩身位移加速变化，桩后滑体被压实后，推力不断传递到桩身，桩顶位移变化演变到加速阶段；随着变形的不断累积，当推力增大到使滑坡结构的下滑力接近其抗滑力时，滑坡处于临界破坏状态，桩顶位移在短时间内急速增大，桩顶位移演变处于剧变阶段。随着滑坡推力的继续增大，滑体从抗滑桩两侧挤出，坡体发生破坏，抗滑桩失去阻滑效果。

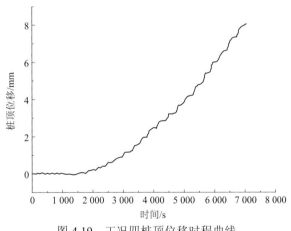

图 4.19　工况四桩顶位移时程曲线

从桩顶位移时程图中可以明显看出曲线上分布着多个抬升点，呈阶梯式上升。这是因为桩身受力形式受加载方式的影响，加载过程是每级推力预压 5 min 再进行下一级的推力加载，每次加载推力抬升 0.1 kN。滑坡推力对滑体做功，使之产生塑性变形，该过程中推力发生衰减，同时加载程序收到反馈后会补进推力，因此滑坡推力抬升后会在小范围内发生不同程度的波动，推力的变化过程被高精度、灵敏位移计捕捉，从而桩顶位移在抬升点附近存在波动。加载方案设定为每 5 min 后缘推力增加一级，突变点与之对应，与实际试验过程相符。

桩顶是桩身位移最大的点，能反映抗滑桩整体的弯曲情况，部分规范中也将桩顶位移情况作为抗滑效果的判据，根据《铁路路基支挡结构设计规范》（TB 10025—2019）（中华人民共和国铁道部，2019）的规定，桩顶处的位移不得超过悬臂段长度的 1%，且不超过 10 cm。模型试验中受加载推力等因素的限制，考虑到桩身受力较小，便于分析，选用了尼龙材料制桩，因此桩顶位移较大。

由图 4.20 可知，三种工况中桩顶位移的变化规律大致相似。试验前期产生的位移较小，曲线变化趋势基本呈水平，滑体处在压缩密实阶段，后部加载的滑坡推力尚不能传递到桩身。试验开始 30 min 后，桩顶位移曲线出现上扬趋势，此时模型桩开始受到后部推力的作用，推力继续加载，曲线斜率逐渐增大。

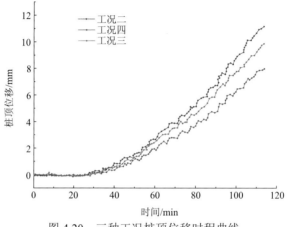

图 4.20　三种工况桩顶位移时程曲线

三种工况下桩顶最终位移分别为 11.2 mm、9.96 mm 和 8.07 mm，工况四中的桩顶位移最小，工况二中的桩顶位移最大，表明不同组合形式的嵌固段岩层在试验过程中产生了较大的影响。桩顶位移关乎抗滑桩的治理效果，若在该条件下继续加载，则工况二中的软岩-较硬岩-硬岩层组合会率先失稳，在一定的临界条件下需要加密抗滑桩或者增大桩截面以提高滑坡稳定系数。

2. 桩身嵌固段弯矩分布规律

桩身弯矩反映抗滑桩整体的受力情况，抗滑桩嵌固机理室内物理模型试验桩身弯矩通过桩身应变换算获得，根据材料力学弯曲理论公式，可计算相应测点处的桩身弯矩（雍睿，2014）：

$$M = W \cdot E_{\mathrm{p}} \cdot (\varepsilon_{后} - \varepsilon_{前}) / 2 \qquad (4.1)$$

式中：W 为抗弯截面系数，大小为 $5.10 \times 10^{-5}\,\mathrm{m}^3$；$E_{\mathrm{p}}$ 为模型桩弹性模量，大小为 2.83 MPa；$\varepsilon_{后}$、$\varepsilon_{前}$ 分别为桩后、桩前对应测点处的应变。

贴于桩身的应变片与桩身同步变化，桩前后各贴有 7 个应变片，两两相对，每个应变片与 uTelK 静态应变仪的接口对接，所采集的数据互不影响。采集的数据表明，应变变化曲线总体呈阶梯上升，与滑坡推力加载过程相对应，每级推力加载时，桩身应变发生一次跳变，不同位置跳变的幅值不一。曲线变化过程可分为两段，第一段曲线内总体应变较小，基本呈指数变化，曲线斜率逐渐增大，该过程中后部滑体处于压密阶段，滑坡推力逐渐传递到桩身；第二阶段呈线性变化，斜率保持不变，该过程中滑体已密实，滑坡推力可直接传递到桩身。各种工况的桩身应变时程曲线如图 4.21 所示。

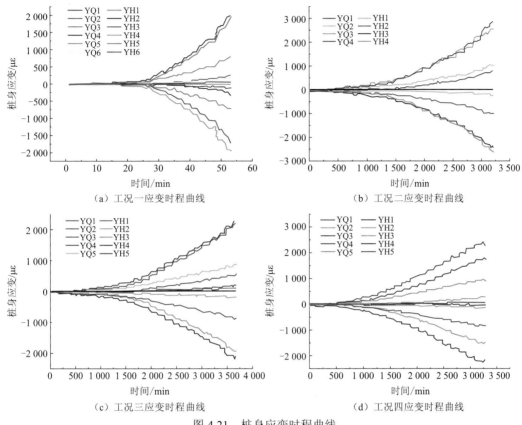

图 4.21　桩身应变时程曲线

随着推力的增大，后部推力逐渐转移到抗滑桩的桩身，抗滑桩受力后发生形变，由图 4.21 可知，桩前、桩后产生的应变基本呈阶梯状上升，由于应变片以同一面贴合桩身，在桩身发生弯折后，桩前后的应变数据出现符号上的差异，桩前后应变之差即桩身形变的大小。

对桩前后应变作差，将应变数据代入式（4.1），求得桩身不同位置弯矩随时间的变化曲线，如图 4.22 所示。桩身弯矩分布图展示了桩身处在滑体内部的各点的弯矩分布，分别为距离桩顶 14 cm、25 cm、36 cm 和 47 cm 深度处的弯矩，依次将四个点命名为 P1、P2、P3、P4。P3 处弯矩值最大，该点位于滑面之上，距离滑面 1.4 cm。其次为 P4 所在位置，其位于滑面之下，距离滑面 9.6 cm，弯矩值略小于 P3。P2、P1 远离滑面，弯矩值均较小，可以推知弯矩最大点位于 P3 与 P4 之间。

如图 4.22 所示，横坐标为时间，随着滑坡推力的增大，刚开始弯矩增幅较小，曲线斜率逐渐增大，约 60 min 后曲线斜率达到最大值并保持不变，在试验结束时桩身弯矩达到最大值。观察 P3、P4 两个位置弯矩的变化情况发现，试验结束时，工况一中弯矩分

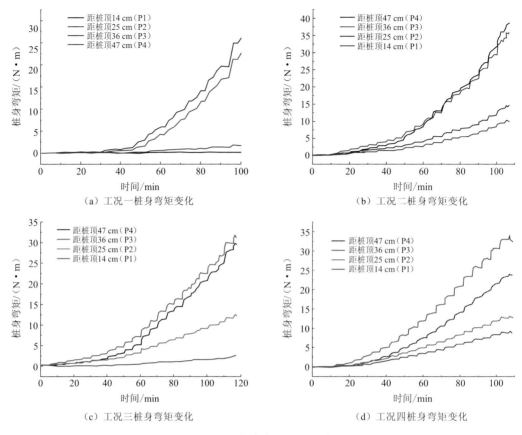

图 4.22　桩身弯矩时程曲线

别为 29.23 N·m 和 26.7 N·m；工况二中弯矩分别为 38 N·m 和 35 N·m；工况三中弯矩分别为 31.1 N·m 和 29.5 N·m；工况四中弯矩分别为 30.2 N·m 和 23 N·m。由此可见，工况二中 P3、P4 的弯矩最大，而工况一中 P3 和工况四中 P4 的弯矩最小。

工况一为对比试验，将其与后面三种工况分别进行对比。岩层为均质较硬层，工况二与工况一中滑床的第二层均为较硬岩，差别在于工况二中滑床最上层为软岩，最下层为硬岩，P3、P4 两点处弯矩增大 8.77 N·m 和 8.3 N·m，增幅分别为 30% 和 31%；工况三与工况一中滑床最上层为较硬岩，滑床的中层和下层分别为软岩和硬岩，P3、P4 两点处弯矩分别增大 1.87 N·m 和 2.8 N·m，增幅为 6.4% 和 10.5%；工况四与工况一中滑床的第二层均为较硬岩，其滑床最上层为硬岩，滑床最下层为软岩，P3、P4 两点处弯矩分别增大 2.77 N·m 和 -3.7 N·m，增幅为 9.5% 和 -13.9%。另一对比组为工况二和工况四，其滑床第二层均为较硬岩，滑床最上层与滑床最下层的岩性对换，滑床最上层为软岩时 P3、P4 两点处弯矩分别增大 19.1% 和 46%。可知，滑床最上层岩性对于 P3、P4 两点处弯矩的影响最为明显，滑床最上层岩体强度减小时，桩身弯矩显著增大，滑床最上层岩体强度增大时，桩身弯矩显著减小。

4.5　含正交节理软硬相间地层抗滑桩嵌固机理物理模型试验

4.5.1　模型试验材料

为了使模型试验的操作性更强，试验中的各个材料采用相似材料的原则去配比。主要涉及的材料包括滑体、滑床（软岩与硬岩）和模型桩。

1. 滑体、滑床

为了准确地模拟抗滑桩和滑体的相互作用关系，考虑实际中滑体多为堆积层，本节选用中粗砂与黏土按照 1∶1 的比例配制滑体，严控控制每次试验的滑体总量、压实度及含水率。模型试验中滑床部分分为两层，分别为较硬岩和较软岩，岩层产状为 10°。考虑到软硬岩不同的力学强度及多工况平行试验的方便性，本书使用相同的材料，采用不同的配比来模拟软硬岩材料。其中，硬岩材料配合比为 G（砂子）∶G（水泥）∶G（石膏）∶G（水）＝5∶1∶2∶2，软岩材料配合比为 G（砂子）∶G（水泥）∶G（石膏）∶G（水）＝10∶1∶2∶3。

2. 模型桩

由于桩身需要开设卡槽，且需具有较大的强度，通过对常规试验材料的筛选，模型桩采用 HDPE 制作而成，它具有耐磨性强、拉伸弯曲性能好、可塑性强等优点，如图 4.5 所示。

3. 正交节理

岩体由于结构面的存在，整体强度下降，特别是在硬岩中这一现象尤为严重。本试验采用在硬岩中加垂直节理的方式研究正交节理对抗滑桩嵌固效果的影响。正交节理滑床采用预制模具完成，如图 4.23（a）所示。该模具由长 66 cm、宽 25 cm、高 10 cm 的预制钢板构成，钢板间沿长度方向每隔 6 cm 开 2 mm 宽的槽，槽中插入钢片。预制正交节理为闭合正交节理，制作过程如图 4.23（b）所示。对预制模具预先涂抹脱模剂，将配置好的硬岩相似材料倒入预制模具中，养护后脱模，将制备好的含正交节理的硬岩匹配至抗滑桩-滑坡模型装置的相应位置，如图 4.23（c）所示。需要特别注意的是，在模具中制备含正交节理硬岩的同时，在滑床抗滑桩所在位置要同步浇筑相应试块，最终完成含正交节理滑床的制备，如图 4.23（d）所示，滑床两端采用添加速凝剂的高强混凝土进行边界固定。通过调整预制模具中的插板数量可以预制不同间距的正交节理。

通过室内结构面直剪试验（包括软硬岩直剪试验、软硬岩接触面直剪试验及硬岩与硬岩接触面直剪试验）和单轴压缩试验测得相关材料的基本物理力学参数，如表 4.5 所示。

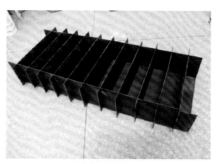
（a）预制模具

（b）制作过程

（c）含正交节理硬岩

（d）整体效果图

图 4.23　含正交节理滑床模具及节理制作过程

表 4.5　模型试验材料基本物理力学参数表

名称	密度 ρ /（g/cm³）	弹性模量 E /GPa	泊松比 υ	黏聚力 c /kPa	内摩擦角 φ /（°）
抗滑桩	0.95	1.40	0.30	—	—
滑床软岩	1.944	0.15	0.32	74.5	25.0
滑床硬岩	1.864	0.45	0.28	253.7	38.0
滑体	1.930	0.024	0.35	11.1	22.7

4.5.2　试验方案

Li 等（2016）针对侏罗系特有的软硬相间地层，采用平行对比试验，详细研究了抗滑桩在不同上硬下软无节理滑床中的嵌固效果。本节针对滑床软硬岩厚度，将其中的一组层厚比作为基本工况，且均采用上部为硬岩、下部为软岩的形式，单纯研究正交节理对抗滑桩嵌固效果的影响。其中，上部硬岩的厚度为抗滑桩所处位置滑床总厚度的 20%，节理等间距分布于上部硬岩中，并与层面正交，如图 4.24 所示。

各个工况的差异在于上部硬岩中的正交节理的线密度，其余条件均保持一致。为了更清楚、定量地描述不同工况之间的差异，定义正交节理线密度 λ 为抗滑桩截面长与正交节理间距之比，即正交节理线密度越大，节理分布越密集，表示为

$$\lambda = \frac{a_P}{S_j} \tag{4.2}$$

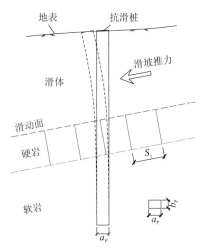

图 4.24　抗滑桩受力简图

b_P 为抗滑桩截面的宽度

式中：S_j 为滑床上部硬岩中正交节理的分布间距，m；a_P 为抗滑桩截面沿滑坡推力方向的长度，m。

　　本节中的物理模型试验是在滑床上部硬岩含不同线密度正交节理情况下，研究抗滑桩在上部硬岩下部软岩滑床中的受力特征及其对滑坡的加固效应。对于物理模型试验，一方面过密的正交节理使制作过程比较困难，另一方面上部硬岩过于破碎容易造成较大的试验误差。综合考虑这些因素，本试验根据上部硬岩中正交节理的线密度划分为三种工况，分别为工况一（无节理）、工况二和工况三，如图 4.25 所示。根据式（4.2）中的定义，三种工况对应的正交节理线密度分别为 $\lambda=0$、$\lambda=0.5$ 和 $\lambda=1$。考虑到单一变量的原则，所有工况中滑床基岩组成均为上部硬岩下部软岩，硬岩占比为 20%，各工况中除正交节理分布密度不一样以外，其余参数均保持一致。

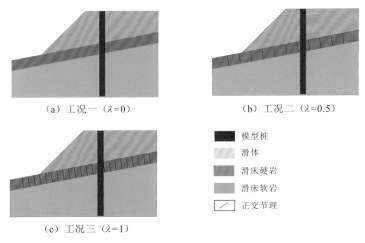

（a）工况一（$\lambda=0$）　　　　　　　　　　（b）工况二（$\lambda=0.5$）

■ 模型桩
░ 滑体
▨ 滑床硬岩
▒ 滑床软岩
⟋ 正交节理

（c）工况三（$\lambda=1$）

图 4.25　不同工况模型对比图

4.5.3 测试与加载方式

1. 桩身数据测试

为了实时获得抗滑桩桩身变形特征，本试验采用了桩身应变和位移两种方式实时监测抗滑桩桩身变形。在桩身应变采集中，采用 4.2 节介绍的采集系统。考虑到方案的可行性及监测方便，应变片采用相间布置原则，均匀布置在抗滑桩桩前壁和桩后壁，两侧各布置 7 个，间距为 11 cm，布置图如图 4.26 所示。对于每一侧的应变片，尽量保证应变片轴线与桩侧平面轴线重合，居中布置。采用 4.2.2 小节介绍的桩身柔性测斜仪对桩身位移进行实时监测，该套装置可以采集抗滑桩桩身所有深度处的位移，而由于本试验中进行的是单桩测试试验，在桩身设置过多的位移传感器相当于扩大了抗滑桩的截面积，严重影响抗滑桩的受力变形。考虑到抗滑桩变形中桩顶位移是最突出、最明显的，本试验中只在桩顶布设一个位移传感器，对桩顶位移进行实时采集。

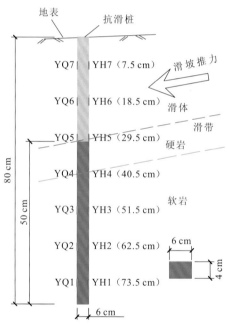

图 4.26　抗滑桩桩身应变片布置图

YQ 为桩前应变片；YH 为桩后应变片

2. 推力加载方式

本次试验采用阶梯型加载方式，试验开始时后缘推力由 0 加载至 0.4 kN，随后以每 5 min 加载 0.1 kN 的频率增加推力，在加载下一级荷载之前通过推力加载控制器使推力保持在上一级荷载值附近，加载示意图如图 4.27 所示。每组工况下，当后缘加载装置达到最大荷载 2.5 kN 时，终止该组试验。

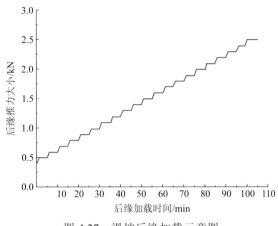

图 4.27　滑坡后缘加载示意图

在滑坡物理模型试验中选取不同的推力加载方式可能对试验结果影响较大，最常见的滑坡后缘加载方式分为斜推式加载和平推式加载两种，如图 4.28 所示。Li 等（2016）对推力方式的选取做了探讨，通过对平推式加载试验的研究，可以发现平推式加载条件下，后缘易发生隆起，产生大量的鼓胀裂隙与剪切裂隙；而且可能使滑坡的破坏面发生向上移动，并不是沿着预期给出的滑动面滑动，造成试验结果明显不符合实际结果的情况，如图 4.28（b）所示。鉴于此，本试验在上述研究的基础上最终选用斜推式加载方式。

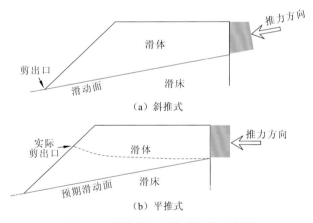

图 4.28　斜推式与平推式加载示意图

4.5.4　测试结果与分析

1. 滑体变形

在实际抗滑桩-滑坡治理工程中，滑坡后缘推力传递到抗滑桩所在位置时，抗滑桩通过与桩周土体的相互作用，最终承担了大部分的滑坡推力，滑体的变形特征在抗滑桩桩身上面得到实时反映；反之，监测抗滑桩桩身实时变形特征可以反映滑坡滑体的变形特征。在物理模型试验阶段，为了实时监测抗滑桩桩身变形，在抗滑桩桩前、桩后两侧分别等间距覆盖应变片，并连接数据采集仪实时采集桩身应变数据。图 4.29 为工况三（$\lambda=1$）所测得的桩身应变时程曲线，由曲线可以看出，总体上桩身各位置处的应变随着桩后滑坡推力的增大而呈逐渐增大的趋势。桩前、桩后对应位置的桩身应变数值基本相等，表现为对称分布，即 YQ1＝YH1，YQ2＝YH2，…，YQ7＝YH7，这一点符合实际。对于桩身同一侧不同深度的应变片，总体趋势上，在滑床上部硬岩分布范围内出现较大的桩身应变值（YQ3、YQ4、YH3 和 YH4），而在靠近桩顶位置和抗滑桩底端位置桩身应变值较小，这一现象和实际规律相符。此外，从图 4.29 中还可以看出，在不同深度的桩身应变时程曲线中，各深度下桩身应变值均随着时间的增长表现为阶梯状增大的趋势，且时间间隔基本为 5 min 左右，出现这一变化特征与后缘推力的加载方式有关。如图 4.27 所示，后缘推力每 5 min 增加 0.1 kN，呈阶梯状增长，传递到桩身所在位置时虽表现出一定的滞后性但基本保持同步变化。由此可见，桩后推力的大小对桩身变形有很大的影响。

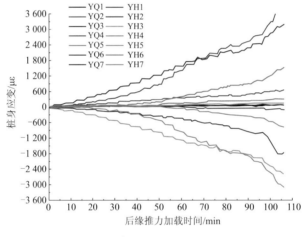

图 4.29 桩身应变时程曲线（$\lambda=1$）

试验中在滑坡模型的侧面安置了白色图钉以便观察试验过程中滑体的整体变形情况，如图 4.30 所示，白色图钉等间距嵌入滑体，跟随滑体一起运动，实时反映滑体的变形。试验开始之前，在玻璃门外相应位置用记号笔记下初始基准点。由桩身应变时程曲线可以看出，随着桩后荷载的增加，桩身应变曲线基本可以分为三个变化阶段，即蠕变阶段、等速变形阶段和加速变形破坏阶段。前期加载过程中，桩后土体处于压实阶段，传递到桩身的推力较小，桩顶几乎没有位移，此阶段滑体后缘处于压实、压密状态，而前缘变形较小，抗滑桩受力变形小，处于蠕变阶段。从图 4.30（b）中也可以看出，当加载时间较短时，推力不能实时、迅速传递到桩上，因此，图 4.30 中在 0～20 min 阶梯状增长的规律不是很明显。随着滑坡后缘推力的增大，桩后土体逐渐被压实紧密，后缘荷载传递至桩后的衰减减少，抗滑桩桩后推力逐渐变大，桩身变形和后缘推力的加载规律逐渐同步变化，出现类似于桩后推力加载曲线的变形线性增长规律，滑体发生整体的变形，即等速变形阶段，如图 4.30（c）所示。随着变形的不断累积，当推力增大到使滑坡结构的下滑力接近其抗滑力时，滑坡处于临界破坏状态，滑体前缘滑出，产生较大变形，如图 4.30（d）所示。此外，桩顶位移在短时间内急速增大，而当桩后推力大于桩身抗力时，桩后土体从桩侧滑移，抗滑桩形成一种"劈裂"作用，桩侧产生滑动方向的"劈裂"裂缝，如图 4.31 所示。

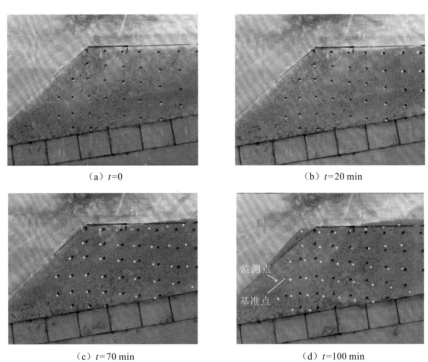

(a) $t=0$　　　　　　　　　　　　　　(b) $t=20$ min

(c) $t=70$ min　　　　　　　　　　　　(d) $t=100$ min

图 4.30　不同时刻滑体变形特征图

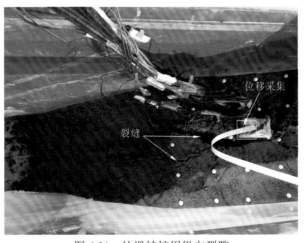

图 4.31　抗滑桩桩周纵向裂隙

2. 桩身受力

为了更直接地反映抗滑桩桩身变形特征，根据材料力学弯曲理论公式，如果桩身没有出现开裂，可将试验得到的桩身应变换算为不同深度的桩身弯矩，其转换公式如下：

$$M = W \cdot E_p \cdot (\varepsilon_{后} - \varepsilon_{前}) / 2 \qquad (4.3)$$

式中：W 为抗弯截面系数，大小为 $2.4 \times 10^{-5} \, \mathrm{m}^3$；$E_p$ 为模型桩弹性模量，大小为 $1.4 \, \mathrm{GPa}$；$\varepsilon_{后}$、$\varepsilon_{前}$ 分别为桩后、桩前对应测点处的应变值。

采用式（4.3），对不同工况采集到的应变数据进行处理，最终可得到不同工况下的抗滑桩桩身弯矩时程曲线，具体如图 4.32 所示。对比上述三种工况，可以发现同一工况下抗滑桩弯矩的分布规律如下：从桩顶至桩底先逐渐增大，在 29.5 cm 或 40.5 cm 附近达到最大值，此区间为硬岩所在位置；随后，随着深度的增大，桩身弯矩逐渐降低，当深度靠近桩底时弯矩基本为零或变为反向弯矩。与滑体变形特征相似，从图 4.32 中可以看出抗滑桩桩身弯矩值的变化规律也基本呈现出三个阶段，即蠕变阶段、等速变形阶段及加速变形破坏阶段。

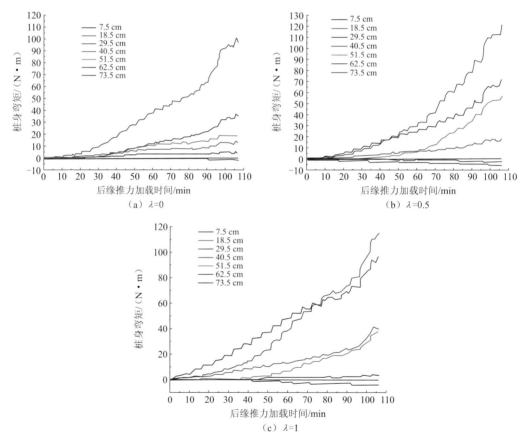

图 4.32　各工况下抗滑桩桩身弯矩随深度变化曲线

同样，为了更加直观地反映抗滑桩桩身弯矩的变化情况，选取后缘荷载加载时间分别为 20 min（0.8 kN）、60 min（1.6 kN）、80 min（2.0 kN）和 105 min（2.5 kN）的桩身弯矩分布情况进行对比，三种工况如图 4.33 所示。

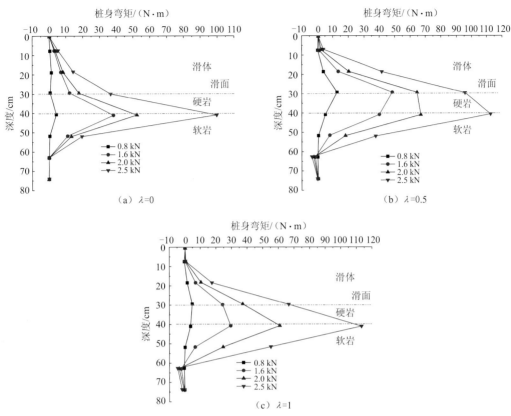

图 4.33　不同推力作用下各工况抗滑桩桩身弯矩分布情况

图 4.33 反映了同种工况下不同后缘推力作用下抗滑桩桩身弯矩随深度的变化规律。对比三种工况发现,桩身弯矩随深度的变化趋势基本相同,呈现出先增大后减小的变化规律。对于同一种工况,当后缘推力不同时,曲线整体变化规律相似,各个深度的桩身弯矩值随着桩后推力的增大而增大。对于同一种工况,在不同的后缘推力作用下,三种工况显示抗滑桩最大弯矩均位于深度 40.5 cm 处。

3. 桩顶位移规律

本试验抗滑桩进行的是单桩测试试验,在桩身安装过多的测斜装置对桩身变形影响过大,因此本试验中只在桩顶布设单个传感器对桩顶位移进行实时采集。三种工况在后缘推力作用下桩顶位移随时间的变化规律如图 4.34 所示。

从三组工况桩顶位移随时间的变化规律曲线可以看出,随着后缘推力的增大,抗滑桩桩顶位移先缓慢增长,后加速增长。当滑坡后缘推力较小时,推力主要被桩后滑体的压缩变形所吸收,传递到桩身的推力较小;当桩后缘土体被压实后,滑坡绝大部分推力由抗滑桩承担,桩顶位移加速变大。提取不同工况试验结果,最后得到不同工况下抗滑桩桩顶位移出现的最大值,依次为 5.6 mm($\lambda=0$)、6.8 mm($\lambda=0.5$)和 7.0 mm($\lambda=1$)。

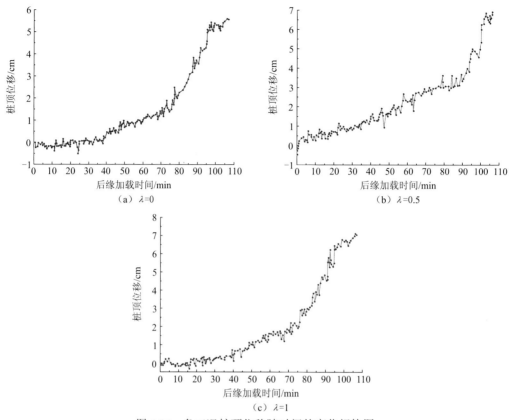

图 4.34 各工况桩顶位移随时间的变化规律图

对比不同工况下抗滑桩桩顶位移值发现，总体趋势上，抗滑桩最大桩顶位移随着正交节理线密度的增加而逐渐增大，这一点与实际情况相符。滑床硬岩正交节理含量越少，其完整性越好，抗滑桩嵌固段可以更好地提供反力，有利于抗滑桩加固滑坡；反之，正交节理越多，硬岩越破碎，不能提供足够大的反力，抗滑桩出现更加明显的整体侧滑，使得桩顶位移偏大。

第 5 章

软硬相间地层抗滑桩嵌固机理数值模拟

5.1 不同岩性层厚比抗滑桩嵌固机理数值模拟

抗滑桩设计是一个复杂的工程设计问题，滑床中出现多种岩性互层现象时，抗滑桩嵌固效果会受到多种因素的影响，导致抗滑桩设计更加复杂。软硬岩互层滑床结构的特殊性会对其受力特征产生影响，导致这类滑床的整体结构性较差，地质条件相对恶化。因此，此类滑床中的抗滑桩设计需要更加谨慎，地层参数的选取和桩身参数的设计都至关重要，直接关系到滑坡防治的安全性与经济性。目前对于多层滑床结构中抗滑桩嵌固效果的研究较少，开展多种岩性组合滑床中抗滑桩嵌固机理的研究对桩身内力设计、嵌固深度的确定具有重要的指导意义。

第 4 章开展了软硬相间地层抗滑桩嵌固机理物理模型试验，本章将以此为基础并基于 ABAQUS 软件进行数值模拟研究，在模型试验的基础上设置对应的参数，考虑不同岩层组合条件下抗滑桩的受力机制，并与模型试验的结果进行对比。

5.1.1 ABAQUS 有限元软件

ABAQUS 是一套功能强大的工程模拟有限元软件，其解决问题的范围很广，从相对简单的线性分析到许多复杂的非线性问题都可以处理。ABAQUS 内含一个丰富的、可模拟任意几何形状的单元库，并拥有各种类型的材料模型库，可以模拟典型工程材料的性能，其中包括金属、橡胶、高分子材料、复合材料、钢筋混凝土、可压缩超弹性泡沫材料及土壤和岩石等地质材料。作为通用的数值模拟工具，ABAQUS 除能解决大量结构（应力、位移）问题外，还可以模拟其他工程领域的许多问题，如热传导、质量扩散、热电耦合分析、声学分析、岩土力学分析（流体渗透、应力耦合分析）及压电介质分析。

ABAQUS 软件被广泛运用于岩土工程数值分析中，对岩土工程中常见的单元、本构关系和接触面理论有较好的适用性。本节采用 ABAQUS 有限元方法对抗滑桩在多层滑床滑坡中的嵌固效果进行研究。

5.1.2 数值试验计算模型构建及参数选取

为了对模型试验结果进行验证，并发现模型试验过程中存在的问题，保持数值试验与室内模型试验的工况一致。数值试验的优势在于操作方便、成本低，并可无差别地对同一工况进行多次计算。

数值试验包含四组工况，每组工况中的滑体、滑带、桩长、嵌固深度、岩层倾角和加载方式均采用统一布置方式。工况一为参照试验，基岩为均质较硬岩层。后三组工况中基岩包含软岩、较硬岩和硬岩三种岩体，层厚一致，仅在组合方式上有所区别。工况二的岩层排布方式为软岩-较硬岩-硬岩；工况三的岩层排布方式为较硬岩-软岩-硬岩；工况四的岩层排布方式为硬岩-较硬岩-软岩。四种工况的示意图如图 5.1 所示，三层岩体的材料参数按照设定工况进行赋值。

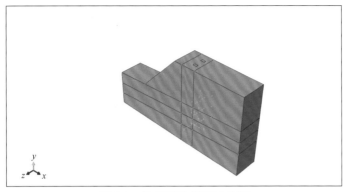

图 5.1　数值试验模型示意图

　　该模型中斜坡的两个侧面在 x 和 y 方向上是自由的，在 z 方向上固定。坡的底面在 x、y 和 z 三个方向上均保持固定，不允许在任何方向上发生位移，桩底在 y 方向上固定。数值计算分为五步，在滑体后部的竖直平面上施加 U_1 方向的位移，总位移为 15 cm。抗滑桩桩底模型整体施加重力，滑体两侧根据材料属性施加侧摩阻力，模拟真实试验中侧面带来的能量损耗，最后以滑体后边界面为荷载施加面。

　　模型部件分为抗滑桩、滑床和滑体三部分，均依照室内模型试验的参数进行设定，模型长 150 cm，高 81 cm，宽 25 cm。桩长为 81 cm，材料弹性模量为 2.83 GPa，嵌固段长 43.2 cm，受荷段长 37.8 cm，滑床岩层倾角为 arctan 0.08，层厚为 12 cm。为使计算结果更加准确和精细，在桩前后一定范围内对滑体和滑床进行密集剖分处理。三个基本部件如图 5.2 所示。

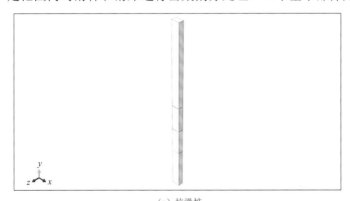

（a）抗滑桩

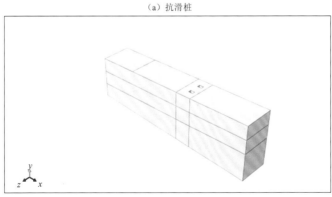

（b）滑床

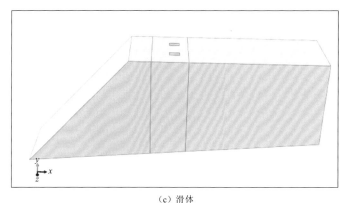

（c）滑体

图 5.2　数值试验模型部件

5.1.3　数值结果与分析

1. 桩身受力情况分析

嵌固段岩体强度远大于上部滑体，相较于滑体内的桩身位移，嵌固段的桩身位移可以忽略，因此在滑面附近一段区域内集中有剪应力，对桩身剪应力 S_{12} 进行比较，三种工况的桩身切应力云图如图 5.3 所示。

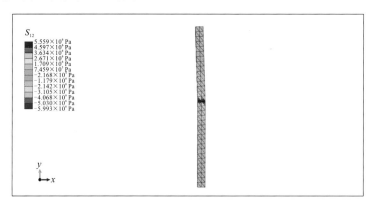

（a）工况二 S_{12}

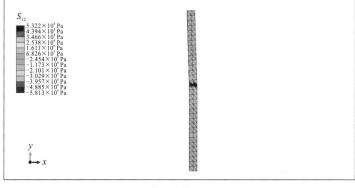

（b）工况三 S_{12}

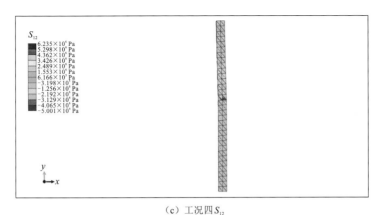

（c）工况四 S_{12}

图 5.3　桩身切应力云图

三种工况有类似之处，由于滑体与滑床岩性强度相差明显，桩身切应力在滑面处形成突变点，同时也是切应力集中区。工况二上部剪应力均匀分布，处在滑体中的桩身剪应力为负，其数值随着深度的增加而缓慢减小，在滑面处降至最小值，随后在最上层滑床内桩身剪应力快速增大，在此范围内桩身剪应力逐渐达到最大值，突变不明显，下部嵌固段的剪应力都较小，维持在零值左右。工况三滑体中的抗滑桩在靠近桩顶处剪应力尚为正值，在滑面附近迅速下滑，降为负值，形成突变点，该点之下桩身剪应力随深度的增加迅速增大并达到最大值，滑床的第一层岩体内桩身维持高剪应力状态，深部嵌固段剪应力逐渐减小，到底部时都趋于零。工况四中桩身剪应力同样在滑面处达到反向最大值，由桩顶到滑面桩身剪应力持续减小，滑面之下一段范围内剪应力迅速上升，滑面处形成一个剪应力集中区，下部嵌固段内桩身剪应力较小。

2. 桩身位移情况分析

1）不同岩性组合对桩身位移的影响

对计算结果各项数据中的桩身位移、应力和弯矩三个部分进行对比。桩身变形最为直观，其弯折程度能较好地反映桩身整体受力情况，三种工况的 U_1 方向的位移情况如图 5.4 所示。

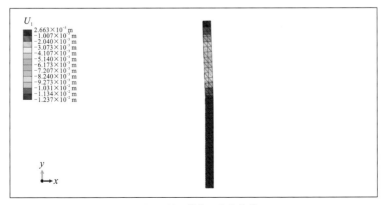

（a）工况二桩身 U_1 方向位移

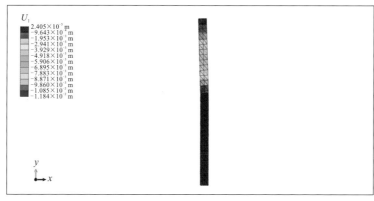

（b）工况三桩身U_1方向位移

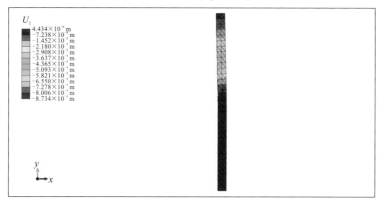

（c）工况四桩身U_1方向位移

图 5.4　桩身 U_1 方向位移云图

对比工况二到工况四三组试验可以看出，三组试验中的桩身均发生了一定程度的弯折，而弯折的程度逐渐减小。为方便对比，将桩前位移的具体数据导出，如表 5.1 所示。

表 5.1　三种工况抗滑桩桩身 U_1 方向位移数据

深度 / m	工况二位移 / mm	工况三位移 / mm	工况四位移 / mm
0.000 0	12.369 38	11.838 51	8.733 21
0.025 2	11.461 12	10.917 36	8.157 39
0.050 4	10.552 86	10.011 37	7.581 57
0.075 6	9.644 59	9.105 38	7.000 96
0.100 8	8.739 37	8.225 93	6.425 14
0.126 0	7.846 29	7.361 64	5.849 33
0.151 2	6.965 37	6.523 88	5.268 71

续表

深度 /m	工况二位移 /mm	工况三位移 /mm	工况四位移 /mm
0.176 4	6.108 75	5.689 92	4.692 90
0.201 6	5.282 50	4.893 86	4.112 28
0.226 8	4.492 71	4.162 24	3.531 67
0.252 0	3.751 52	3.457 16	2.955 85
0.277 2	3.058 93	2.767 25	2.404 03
0.302 4	2.427 10	2.119 03	1.885 80
0.327 6	1.862 09	1.520 09	1.410 75
0.352 8	1.369 99	1.012 13	0.993 28
0.378 0	0.962 94	0.621 68	0.647 79
0.402 0	0.659 17	0.369 02	0.409 17
0.426 0	0.413 12	0.189 09	0.225 55
0.450 0	0.234 48	0.076 04	0.100 90
0.474 0	0.110 09	0.011 36	0.023 51
0.498 0	0.029 41	−0.013 80	−0.015 37
0.522 0	0.007 37	−0.013 92	−0.023 47
0.546 0	−0.005 59	−0.009 22	−0.024 43
0.570 0	−0.009 89	−0.005 06	−0.019 06
0.594 0	−0.006 21	-7.84×10^{-4}	−0.009 60
0.618 0	−0.001 25	0.005 89	7.63×10^{-4}
0.642 0	−0.001 31	0.003 60	7.70×10^{-4}
0.666 0	1.70×10^{-6}	0.002 98	3.15×10^{-4}
0.690 0	0.001 02	0.002 46	0.001 43
0.714 0	5.86×10^{-4}	0.001 79	0.001 33
0.738 0	8.10×10^{-4}	0.002 10	0.001 79
0.762 0	0.001 14	0.003 44	0.002 45
0.786 0	1.22×10^{-4}	8.20×10^{-4}	4.52×10^{-4}
0.810 0	0.002 66	0.003 73	0.004 65

以深度（与桩顶的距离）为纵坐标，以各种工况的桩身 U_1 方向位移为横坐标作图，如图 5.5 所示。

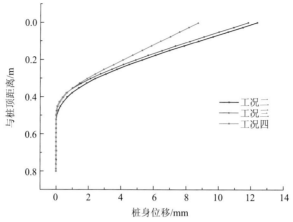

图 5.5　三种工况桩身 U_1 方向位移曲线

观察三种工况的位移曲线可知，工况二的桩顶位移达到了 12.37mm，是三种工况中的最大值，其桩身的变形范围也最大，在深度达到 0.47m 时，桩身的位移仍有 0.11cm，是另外两种工况在同一深度处的 5～10 倍。工况四的桩身位移最小，曲线过程最为平缓，其上部岩体为硬岩，中层为较硬岩，对桩身位移起到了较好的限制作用。工况三的桩身位移居于两者之间。对桩顶位移进行对比，相对于工况三，工况二的桩顶位移增大了 17.3%，而工况四的桩顶位移减小了 10%。

2）不同分析步中桩身位移的情况

数值模拟的计算过程共分为五个分析步，每个分析步内后部滑体产生的位移一致，总体位移为 15cm，即在每个分析步内滑体向前推移 3cm。提取每个分析步内抗滑桩的位移情况，如图 5.6～图 5.8 所示。

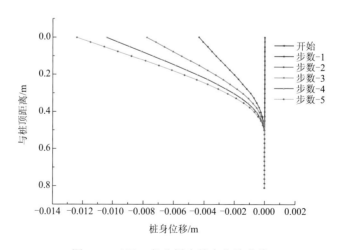

图 5.6　工况二各分析步桩身位移曲线

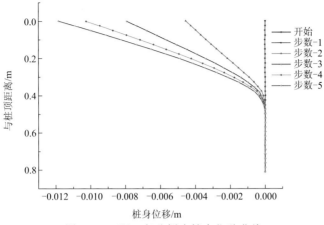

图 5.7　工况三各分析步桩身位移曲线

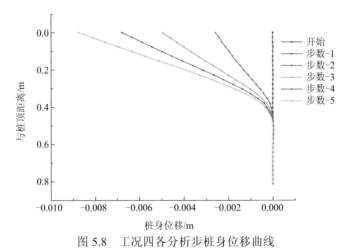

图 5.8　工况四各分析步桩身位移曲线

观察三种工况的分步过程，可以得到以下三个结论。

（1）三种工况中，桩身中部都存在一个"发散点"，位于该点上部的桩身发生偏转，而下部基本保持不变。该"发散点"的位置与桩岩受力机制相关，上部岩体的强度较小时，该点向上移动；反之，向下移动。工况二中桩身的"发散点"最靠上，在工况四中最靠下。在同一种工况中观察，桩身受力增大时，该点逐渐下移。

（2）推力加载后的一段时间内，桩身不发生偏转或发生的偏转极小，而仅在桩身的受力形式上发生变化，如上述三种工况中，第 1 个分析步内桩身位移均不明显。

（3）随着后部滑体的推移，在速度一定的条件下，桩身位移的增速逐渐减小，即后一分析步中的桩身位移比前一分析步小。

5.1.4　物理模型试验与数值试验对比

数值试验与物理模型试验的工况基本对应，桩长 81 cm，滑床划分为三层，岩层倾角、层厚和桩的嵌固深度均保持一致，主要差别体现在滑体性质和滑坡推力加载方式上。

数值试验中滑体可以直接对材料性质进行定义，方便可控，而物理模型试验中滑体的模拟是一个难点。一方面是因为材料难以配比，即使选用实体滑坡中的土体也难以再现出实体滑坡的效果，土体搬运过程中的密度变化和失水干燥都会使滑体的性质发生变化。另一方面是因为在堆载过程中很难保证模型中滑体的均匀性，滑体密实度不均对模型体内部的受力有一定的影响。而数值试验中滑体由于性质稳定，无法模拟实体滑坡中的裂隙发育问题，如图 5.9 和图 5.10 所示，数值试验中滑体分布完好，而物理模型试验中滑体在滑坡推力的影响下会产生纵向裂隙，更加符合实际情况。

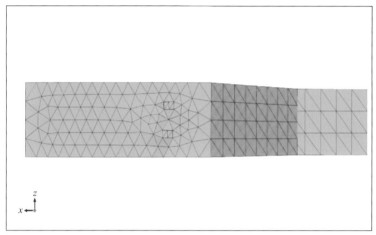

图 5.9　数值试验中的滑体

图 5.10　物理模型试验中的滑体

　　桩身弯曲状态能较好地反映桩岩作用和桩土作用效果，物理模型试验与数值试验中抗滑桩均发生了明显的弯曲，受滑体分布等因素的影响，桩身弯曲程度不一，图 5.11 与图 5.12 是两种试验结束时桩身的弯曲状况。

　　为进一步进行两种试验中桩身位移的对比，提取三种工况中的桩顶位移数据，如表 5.2 所示。两组试验中桩顶位移均受岩层组合影响，两种试验结果在数值上差异较小，并在规律上保持一致，工况一中桩顶位移最大，工况三中桩顶位移最小。三种工况中，

图 5.11　物理模型试验桩身弯曲状况

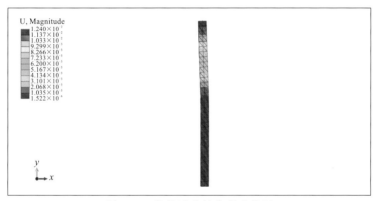

图 5.12　数值试验桩身弯曲状况

物理模型试验的桩顶位移均略小于数值试验中的桩顶位移，是由数值试验无法考虑滑体材料中的空隙所致。两种试验在对应工况上结果对应较好。分别在组内进行比较，将工况一中的桩顶位移归化为一，物理模型试验中工况二、工况三的桩顶位移分别减小了11.3%和 32.3%，数值试验中工况二、工况三中的桩顶位移分别减小了 4.3%和 29.4%，数值试验中桩顶位移衰减较慢。两种试验均表明滑床最上层岩体的强度增大时，桩顶位移减小；岩体强度增大的幅度较大时，桩顶位移衰减幅度更大。工况二与工况一的区别在于对滑床内上层两种强度较小的岩体进行了层位对换，因此对桩身位移幅度影响较小，而工况三中硬岩最靠近滑体，极大地限制了桩身位移，其抗滑效果最佳。

表 5.2　物理模型试验与数值试验桩顶位移对比

编号	工况	物理模型试验桩顶位移/cm	数值试验桩顶位移/cm
一	软岩-较硬岩-硬岩	1.156	1.237
二	较硬岩-软岩-硬岩	1.025	1.184
三	硬岩-较硬岩-软岩	0.783	0.873

5.2　含正交节理滑床中抗滑桩嵌固机理数值试验

5.2.1　3DEC 离散元软件

1953 年 G. H. Bruce 等模拟了一维气相不稳定径向和线形流（Bruce et al.，1953），自此数值模拟技术诞生。随着 60 多年计算机硬件的不断更新发展及数值解法的优化，数值试验逐渐完善，并因其操作方便、成本低、可控性高而广泛运用于各类工程领域的研究中。与物理模型试验相比，数值试验可控性强，可以在严格保证单一变量的原则下展开多组平行对比试验，从而获得某一变量对试验结果的影响。数值试验在结构计算方法上采用较多的是有限元方法（finite element method，FEM）、离散元方法（discrete element method，DEM）和边界元方法（boundary element method，BEM）三种。岩体不同于其他的均匀介质材料，其中往往含有结构面等非连续介质，此时选用 DEM 就显得更为合理。

DEM 是由 Cundall 和 Strack（1979）首先提出并应用于岩土体稳定性分析的一种数值分析方法。它是一种动态的数值分析方法，可以用来模拟边坡岩体的非均质、不连续和大变形等特点，因此成为目前较为流行的一种岩土体稳定性分析数值方法。该方法在进行计算时，首先将边坡岩体划分为若干块体，以牛顿第二运动定律为基础，结合不同本构关系，得到块体受力后的运动及由此导致的受力状态和块体运动随时间的变化。它允许块体间发生平动、转动，甚至脱离母体而下落，结合计算机辅助设计（computer aided design，CAD）技术可以在计算机上形象地反映出边坡岩体中的应力场、位移及速度等力学参量的全程变化。该方法对块状结构、层状破裂或一般碎裂结构岩体比较适合。

3DEC 离散元软件是一款以 DEM 为基本理论，用来描述离散介质力学行为的计算分析程序，广泛运用于岩土工程研究领域。本节采用 3DEC 离散元软件完成数值模拟对比试验，在已有物理模型试验的基础上，展开数值模拟试验，利用物理模型试验的结果验证数值试验的合理性，为后面多工况的数值试验的展开提供依据。

5.2.2　数值模型建立

为进一步揭示抗滑桩在含正交节理软硬相间地层中的嵌固效果，验证物理模型试验的准确性，采用 3DEC 建立了与物理模型试验相同工况的三维离散元模型。为减小模型尺寸的边界效应，结合 4.1 节中的相似原理，按比数值模拟物理模型尺寸放大 50 倍的原则建立数值模型（Huang et al.，2013），即相似比 $n=50$。模型整体尺寸为 75 m×12.5 m×40.5 m，由滑体、抗滑桩、上部硬岩和下部软岩四部分组成。其中，上部硬岩厚度为 5 m，下部软岩厚度为 20 m，抗滑桩截面为 2 m×3 m。正交节理的分布形式与物理模型试验一致，等间距分布于上部硬岩中，并与层面正交。采用 GEN EDGE 命令分别对抗滑桩、滑体、硬岩及软岩进行网格划分。抗滑桩采用 tunnel 命令以开挖、回填实体单元的形式生成；采用 jset 命令生成不同线密度的正交节理；抗滑桩选用弹性模型（cons=1），硬岩、软岩及滑体选用理想弹塑性模型（cons=2），并采用莫尔-库仑准则作为岩土体破坏准则。将库仑滑动破坏模型（jcons=1）作为结构面的本构模型。与第 4 章中抗滑桩-滑坡物理模型试验一样，模型侧边界采用法向约束，模型底面法向、切向均约束，上边边界及临空面均自由。图 5.13 为根据物理模型试验建立的离散元模型，共三种工况，即 $\lambda=0$（无节理）、$\lambda=0.5$ 及 $\lambda=1$。

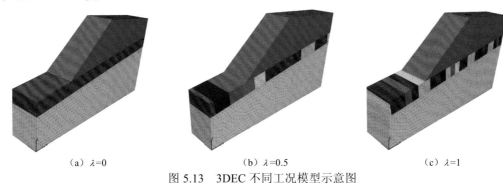

　　（a）$\lambda=0$　　　　　　　　（b）$\lambda=0.5$　　　　　　　　（c）$\lambda=1$

图 5.13　3DEC 不同工况模型示意图

5.2.3　参数选取

　　3DEC 离散元计算中，针对结构面的计算，需定义结构面的法向刚度 k_n、切向刚度 k_s、内摩擦角 φ 及黏聚力 c 四个参数，其中较难选取的为法向刚度和切向刚度。李世海和汪远年（2004）指出，对于闭合结构面，若块体弹性模量取 E，刚度值应远大于 E/L_h（L_h 为块体厚度），然而结构面的刚度选取得过大或者过小均会影响离散元的计算效率，甚至导致结果的发散。本书参考不同研究人员的选取，在物理模型试验参数的基础上，利用王贵君（2005）、王涛等（2005）采用的计算方法选用岩体正交节理参数，计算方法如下：

$$k_n = E/10 , \qquad k_n/k_s = E/G \tag{5.1}$$

式中：k_n 为法向刚度；k_s 为切向刚度；E 为岩块体弹性模量；G 为岩体剪切模量。

　　整个模型在重力场的作用下达到初始平衡后，在滑体后缘施加与层面相平行的均布荷载。结合相似原理，对物理模型尺寸进行放大，其对应的物理力学参数也应相应放大。数值抗滑桩、滑体、硬岩及软岩的物理力学参数如表 5.3 所示。

表 5.3　数值试验材料的物理力学参数表（$n = 50$）

名称	密度 $\rho/(\mathrm{g/cm^3})$	弹性模量 E/GPa	法向刚度 k_n/GPa	切向刚度 k_s/GPa	泊松比	黏聚力 c/MPa	内摩擦角 $\varphi/(°)$
抗滑桩	0.950	70.0	—	—	0.30	—	—
滑床软岩	1.944	7.5	—	—	0.32	3.725	25.0
滑床硬岩	1.864	22.5	—	—	0.28	12.685	38.0
滑体	1.930	1.2	—	—	0.35	0.555	22.7
垂直节理	—	—	2.25	0.879	—	5.250	28.0
层面	—	—	1.00	1.000	—	3.000	24.0

5.2.4 物理模型试验与数值试验对比

1. 数值结果变形分析

第 4 章中针对线密度为 $\lambda=0$（无节理）、$\lambda=0.5$ 及 $\lambda=1$ 的三种工况展开了物理模型试验，试验现象明显，然而由于数据采集的局限性，只能得到部分位置的数据结果，开展与物理模型试验相对应的数值试验可以获得更详细的试验结果。对两者的结论进行对比，可以相互验证试验成果的可靠性，并为后面展开多工况数值试验的研究提供依据。物理模型试验后缘的加载过程为逐级荷载加载，考虑到数值模拟计算的简便性，数值试验只计算滑坡后缘最大推力时的变形结果。

数值试验计算结果如图 5.14 所示，从不同部位水平位移云图可以看出，滑体在后缘推力的作用下，后缘压缩较为明显，由滑坡后缘到滑坡前缘水平位移逐渐变小。从图 5.14（a）

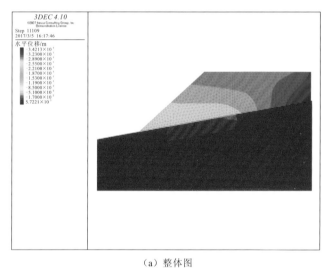

（a）整体图

（b）不含滑体图

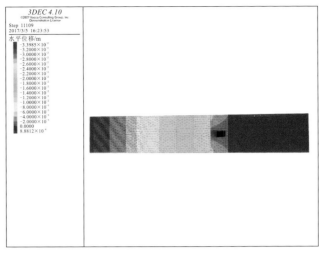

（c）滑床俯视图

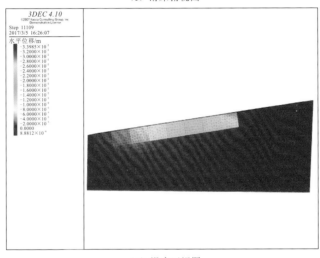

（d）滑床正视图

图 5.14　工况二数值试验水平位移云图（λ=0.5）

中可以看出，抗滑桩所在断面处，滑体位移由上至下明显下降，说明抗滑桩影响了滑体的滑动，提高了滑坡稳定性。如图 4.30 所示，这一现象在物理模型试验中也可观察到，在模型桩所在位置处，滑体上部白色图钉的水平位移明显高于下部位移。图 5.14（b）显示，抗滑桩水平位移由上至下逐渐下降，滑床的存在对抗滑桩位移起到了明显的约束作用。图 5.14（c）、（d）中单独显示了滑床的水平位移云图，可以看出对于上部硬岩，其发生水平位移的主要位置为桩前一定范围的滑床，桩后第一道节理存在分离现象，该分离现象导致了桩后水平位移的较小，并表现为不连续状态。从图 5.14（c）中可以看出，抗滑桩所在位置的水平位移呈现出中间大两边小的趋势，这一现象和实际较为符合。

图 5.15 为与物理模型试验对应的三种工况含正交节理滑床的上部硬岩的水平位移云图。可以明显发现，在后缘推力相同的情况下，桩前位移较大的区域随着节理线密度的增大而逐渐扩大。与均质无节理的上部硬岩相比可以发现，正交节理的存在严重降低

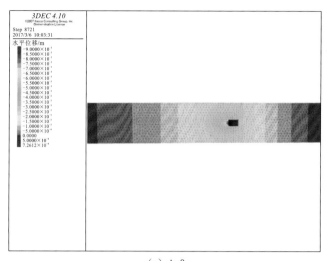

（a）λ=0

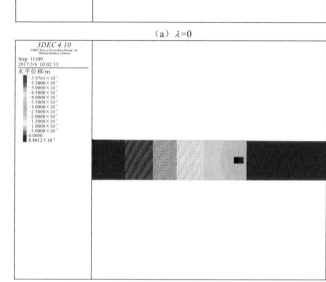

（b）λ=0.5

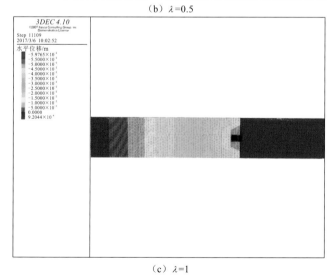

（c）λ=1

图 5.15 三种工况上部硬岩水平位移云图

了上部硬岩的完整性，产生了相对明显的位移。在工况二、工况三中，相对于抗滑桩前部的滑床，抗滑桩后缘硬岩的水平位移较小，抗滑桩对上部硬岩的作用力因为桩后硬岩中第一条正交节理的开裂导致了硬岩变形的不连续性，变形无法传至后缘硬岩，因而水平位移较小。而对于均质硬岩，由于滑床硬岩中无节理，其完整性好，上部硬岩变形具有连续性。

本节计算了工况二（$\lambda=0.5$）在后缘推力不同的情况下桩身位移的变化情况，不同推力作用下不同深度桩身水平位移结果如图 5.16 所示。由图 5.16 可以看出，在某一恒定推力下，桩身水平位移基本随着深度的增加而逐渐减小。从总体趋势上来看，桩身水平位移随深度的变化可大致分为两段，一段为悬臂段位移，另一段为嵌固段位移。从图中可以明显看出，悬臂段位移随深度的变化趋势明显强于嵌固段位移随深度的变化趋势，这表明硬岩的存在严重限制了抗滑桩的变形。对于桩身同一深度，桩身水平位移随着后缘推力的增加而逐渐变大。此外，对比嵌固段位移可以发现，当推力较小（0.8 kN、1.2 kN、1.6 kN）时，嵌固段的抗滑桩桩身水平位移变化基本一致，说明此时上部硬岩滑床虽有正交节理存在，但足以提供抗滑桩嵌固段反力；随着滑坡后缘推力的增大（2.5kN），后缘滑体逐渐被压缩紧密，推力被逐渐传递至抗滑桩悬臂段，上部硬岩由于正交节理的破坏及开裂[图 5.14（c）]，桩身水平位移明显增大。

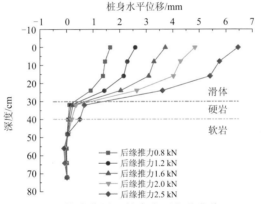

图 5.16　工况二不同推力作用下桩身水平位移曲线（$\lambda=0.5$）

2. 弯矩结果对比

式（4.1）给出了材料力学弯曲理论公式，为了获得数值计算中桩身弯矩的变化情况，对式（4.1）进行如下转换：

$$M=\frac{W\cdot E_{\mathrm{p}}}{2}(\varepsilon_{后}-\varepsilon_{前})=\frac{W\cdot E_{\mathrm{p}}}{2}\left(\frac{\sigma_{后}}{E_{\mathrm{p}}}-\frac{\sigma_{前}}{E_{\mathrm{p}}}\right)=\frac{W}{2}(\sigma_{后}-\sigma_{前}) \qquad (5.2)$$

式中：$\sigma_{后}$、$\sigma_{前}$ 分别为桩后、桩前拉张应力，可由桩身两侧单元的应力状态近似获得。

物理模型试验中桩身不同深度的弯矩值如图 5.17 所示，数值试验采用式（5.2）的方法提取和物理模型试验中的抗滑桩相同位置的弯矩值，并采用表 4.1 中的相似原则进行换算，最终三种工况抗滑桩弯矩对比结果如图 5.17 所示。数值模拟试验结果与物理模型试验结果基本一致，虽不能完全对应上，但结果相差不大，并且变化规律基本一致，抗滑桩弯矩值随着深度的增加先增大后变小，最终趋于零。整体上，在抗滑桩顶部弯矩较小，在靠近滑带处弯矩变大。数值结果表明，在浅表层桩身弯矩值存在负值，说明在滑坡后缘推力的作用下桩后推力形式并非完全类似于悬臂梁的形式，桩前土压力对桩的变形存在一定的影响。而物理模型试验的数据采集是从后缘推力加载时开始的，之前土压力的作用并未采集到，这也是两者结果存在一定误差的原因。

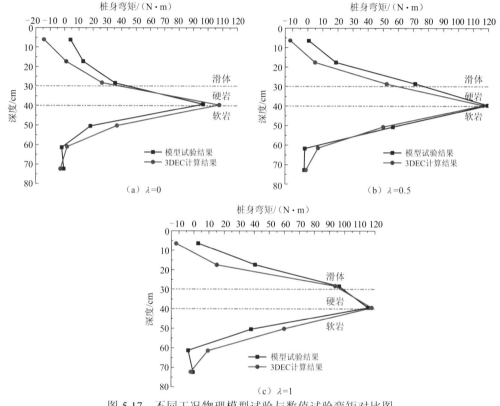

图 5.17　不同工况物理模型试验与数值试验弯矩对比图

3. 位移结果对比

数值模拟试验同样获得了桩身位移变化值，三种工况桩身水平位移随深度的变化曲线如图 5.18（a）所示。由图 5.18（a）可以看出随着正交节理线密度的增大，桩顶（深度为 0 处）位移随之增大。与物理模型试验一致，当上部硬岩正交节理线密度较大时，抗滑桩对滑坡的加固效果较差，抗滑桩更容易发生整体侧滑，因此会形成较大的桩身位移；随着正交节理线密度的减小，上部硬岩完整性较好，滑床容易提供更大的支撑力，抗滑桩整体侧移量减小，相应的桩顶位移变小。提取物理模型试验与数值试验桩顶位移值，对比结果如图 5.18（b）所示。与桩身弯矩对比结果一样，抗滑桩桩顶位移对比结果显示数值试验结果与物理模型试验结果具有较好的吻合性。桩顶位移随着滑床节理线密度的增大而逐渐增大，均质硬岩滑床中无正交节理存在，整体性最好，相应的抗滑桩桩顶位移最小，抗滑桩对滑坡的加固效果最好。

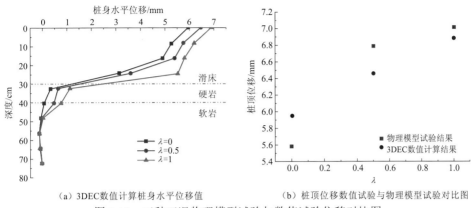

（a）3DEC数值计算桩身水平位移值 （b）桩顶位移数值试验与物理模型试验对比图

图 5.18 三种工况物理模型试验与数值试验位移对比图

5.2.5 不同线密度正交节理抗滑桩变形特征

5.2.4 小节中对比验证了数值试验与物理模型试验的可靠性，其研究结果表明 3DEC 数值计算结果与物理模型试验结果具有较高的吻合度。物理模型试验中受高密度正交节理制作难度的影响，只开展了三种工况的物理模型试验。其研究成果具有一定的规律性，然而由于试验组数过低，不能得出更为准确、定量的试验成果。在第 4 章三种工况对比试验的基础上，开展不同线密度多工况对比试验，即 $\lambda=0$、$\lambda=0.125$、$\lambda=0.25$、$\lambda=0.5$、$\lambda=1$、$\lambda=1.33$、$\lambda=2$、$\lambda=4$ 和 $\lambda=10$。其中，$\lambda=0$、0.5 和 1 的模型示意图如图 5.13 所示，剩余 6 种工况的模型示意图如图 5.19 所示。秉承单一变量的原则，各工况之间除了正交节理分布线密度不一样以外，其余参数均保持一致，从而研究正交节理线密度对抗滑桩嵌固效果的影响。

提取不同工况桩身不同深度的水平位移值如图 5.20 所示，由图 5.20 可以很明显地看出，桩身相同深度水平位移值随着正交节理线密度的增大而增大。当线密度较小（$\lambda=0$、0.125）时，桩身水平位移变化不大，基本重合，这一现象说明此时正交节理的存在对抗滑桩嵌固效果的影响较小，上部硬岩完整性较好。随着正交节理线密度的增大，上部硬岩在正交节理和层面的共同作用下被切割成薄片状，整体性大大下降，岩体的整体强度主要受节理强度控制，桩身发生较大侧移，桩顶位移较大。

在实际工程中，抗滑桩最明显、最直观的变形特征是桩顶位移。对于一个不稳定的滑坡，若桩顶位移过大，则抗滑桩有失效的可能。本节以桩顶位移为监测指标考虑抗滑桩的嵌固效果。图 5.21 给出了桩顶位移随正交节理线密度变化的曲线。可以看出，随着正交节理线密度的增大，抗滑桩桩顶位移逐渐增大。变化曲线共存在两个临界情况：第一为正交节理不存在时，均质硬岩抗滑桩嵌固效果最好，桩顶位移最小；第二为正交节理线密度无穷大时，桩顶位移应该趋近于一个最大值。从变化曲线整体趋势上可以看出，当 $\lambda<2$ 时，桩身最大位移值基本随着正交节理线密度的增大而几乎呈线性增长，说明此阶段正交节理的产生很大地降低了岩体强度的完整性，节理数量是导致抗滑桩变形的主控因素；随着正交节理线密度的增大（$\lambda\geqslant2$），抗滑桩桩顶位移的增大速率逐渐变小，并逐渐趋近平缓，该阶段由于正交节理的密度过大，滑床上部硬岩在节理和层面的作用下切割成薄片状，强度大大降低，此时影响岩体强度的主控因素为节理强度。

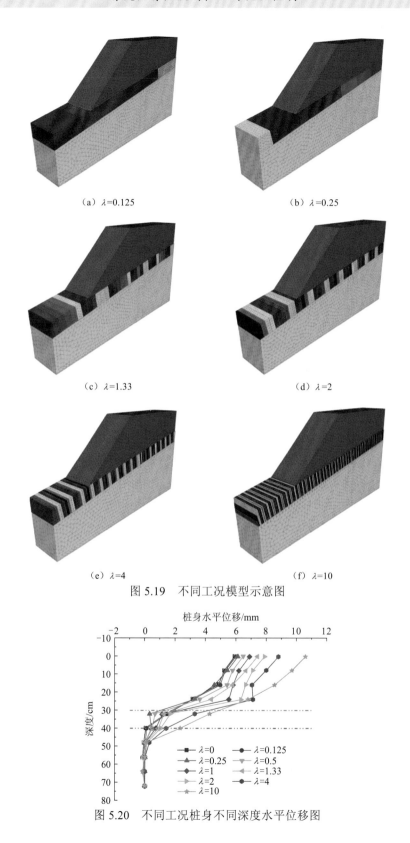

（a）$\lambda=0.125$　　　　　　　　（b）$\lambda=0.25$

（c）$\lambda=1.33$　　　　　　　　（d）$\lambda=2$

（e）$\lambda=4$　　　　　　　　（f）$\lambda=10$

图 5.19　不同工况模型示意图

图 5.20　不同工况桩身不同深度水平位移图

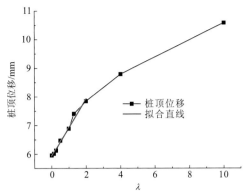

图 5.21　桩顶位移与正交节理线密度变化关系图

5.3　二维线密度正交节理滑床中抗滑桩嵌固机理

5.3.1　二维正交节理线密度定义

5.2 节在物理模型试验与数值试验对比验证的基础上扩展分析了滑床中不同线密度正交节理对抗滑桩嵌固效果的影响。受物理模型框架的限制，沿抗滑桩桩宽方向框架较窄，边界影响过大，在原模型的基础上直接添加沿抗滑桩桩宽方向的正交节理显得不合理。本节在 5.2 节数值模型的基础上适当扩展研究二维正交节理线密度对抗滑桩嵌固效果的影响。

式（4.2）中给出了正交节理线密度的定义公式，以节理关于抗滑桩轴线对称分布为原则，针对二维正交节理，进一步定义沿抗滑桩横截面长、宽两个方向的正交节理线密度，分别为

$$\lambda_1 = \frac{a_{\mathrm{P}}}{S_1} \tag{5.3}$$

$$\lambda_2 = \frac{b_{\mathrm{P}}}{S_2} \tag{5.4}$$

式中：S_1、S_2 分别为滑床上部硬岩中沿抗滑桩截面长、宽方向正交节理间距，m；a_{P}、b_{P} 分别为抗滑桩截面的长和宽，m，如图 5.22 所示。

5.3.2　模型建立

针对二维的正交节理分布，在 5.2.3 小节模型的基础上，将模型尺寸的横向进行加宽，并采用相同的命令流生成沿抗滑桩桩宽方向的正交节理。对模型尺寸横向加宽，必然会导致滑体的变化，若采用相同的后缘加载方式，则抗滑桩桩土作用模型会发生变化，模型尺寸较窄时可认为是排桩中选取一根桩作为研究对象，如图 5.23 所示，此时桩间距为 L_{p}；而模型尺寸增大后相应的增大滑体就变成了单桩受力模型，此时桩间距变为 L_{p}'，桩间距发生明显变化，桩土作用机理发生改变。

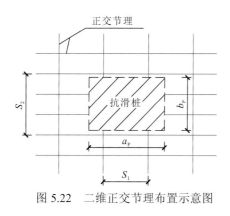

图 5.22　二维正交节理布置示意图

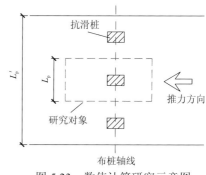

图 5.23　数值计算研究示意图

考虑到桩土相互作用机理的差异，本节在讨论二维正交节理线密度对抗滑桩嵌固效果的影响时，只选取滑床和抗滑桩部分为研究对象，将滑坡后缘推力以水平均布荷载的形式作用在抗滑桩悬臂段后表面上，并采用水平岩层滑床。对于二维正交节理线密度 λ_1、λ_2，分别选取正交节理线密度为 0、0.25、0.5、1、1.5、2、3 和 4，采用正交试验方式共 64 种工况计算二维正交节理线密度对抗滑桩嵌固效果的影响。每种工况桩后均布荷载 $p=1\,\mathrm{MPa}$，其余参数与 5.1 节保持一致。模型整体尺寸为 $60\,\mathrm{m}\times50\,\mathrm{m}\times40.5\,\mathrm{m}$，其中，上部硬岩厚度为 $5\,\mathrm{m}$，下部软岩厚度为 $20\,\mathrm{m}$，抗滑桩截面为 $2\,\mathrm{m}\times3\,\mathrm{m}$。下面给出其中四种工况的数值模型示意图，如图 5.24 所示。

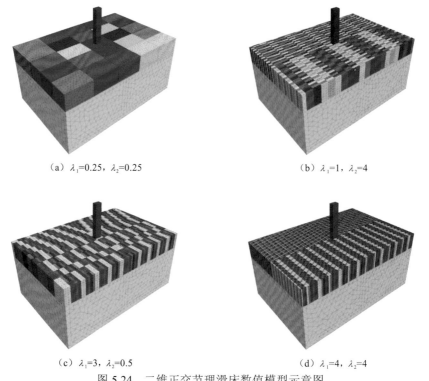

（a）$\lambda_1=0.25$，$\lambda_2=0.25$　　　　　　（b）$\lambda_1=1$，$\lambda_2=4$

（c）$\lambda_1=3$，$\lambda_2=0.5$　　　　　　（d）$\lambda_1=4$，$\lambda_2=4$

图 5.24　二维正交节理滑床数值模型示意图

5.3.3　二维正交节理滑床中抗滑桩嵌固效果

5.3.5 小节讨论了沿抗滑桩截面长度方向正交节理线密度 λ_1 对抗滑桩嵌固效果的影响，本小节选择正交节理线密度 $\lambda_1=2$，讨论抗滑桩截面宽度方向正交节理线密度 λ_2 对抗滑桩嵌固效果的影响。采用 3DEC 后处理命令（hide region 3 4）隐藏软岩和抗滑桩，图 5.25 给出了滑床硬岩在 λ_1 固定的情况下，对比明显的不同正交节理线密度 λ_2 的四种工况下的水平位移云图。

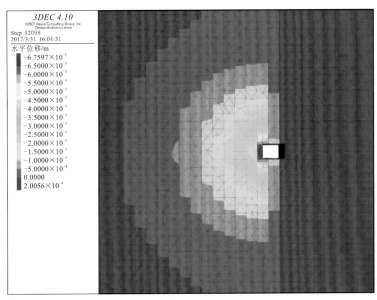

（a）$\lambda_1=2$，$\lambda_2=0$

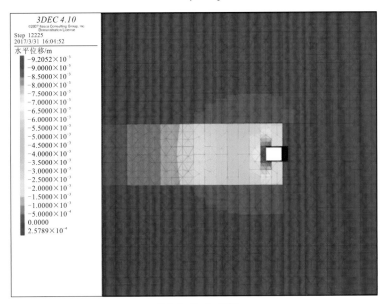

（b）$\lambda_1=2$，$\lambda_2=0.25$

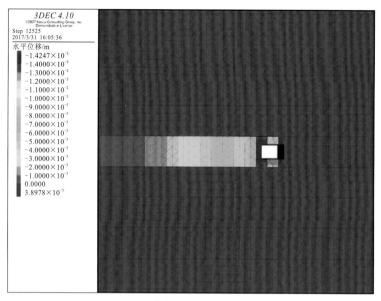

（c）$\lambda_1=2$，$\lambda_2=0.5$

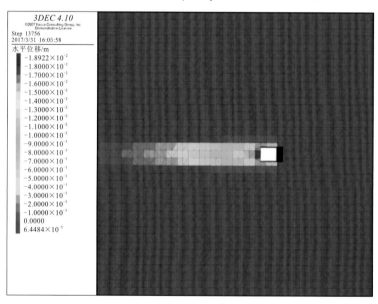

（d）$\lambda_1=2$，$\lambda_2=2$

图 5.25　不同工况二维正交节理滑床水平位移云图

由图 5.25 可以看出，在正交节理线密度 λ_2 的影响下，滑床硬岩的受力状态发生了较为明显的变化。在总体趋势上，最大水平位移基本位于桩前位置，随着正交节理线密度 λ_2 的增大，滑床逐渐被分为碎块状，桩前位移逐渐增大。此外可以发现，滑床变形影响范围随着正交节理线密度 λ_2 的增加逐渐减小，说明抗滑桩沿宽度方向的正交节理的存在对抗滑桩的受力存在较大影响。当正交节理线密度 $\lambda_2=0$ 时，如图 5.25（a）所示，滑床沿抗滑桩桩宽方向较为完整，水平位移较为连续，而随着正交节理线密度 λ_2 的产生，滑床在正交节理线密度 λ_1、λ_2 及层面三者的共同作用下，硬岩被分割成块体状。抗滑桩受力首先直接传递给抗滑桩相邻的第一块块体，随后块体与块体之间通过节理相连，若推力过大，节理会出现相对滑移，从而导致位移的不连续。因此，相邻块状滑体之间的受力情况受节理参数控制，特别是结构面切向刚度，随着正交节理线密度 λ_2 的增大，位移不连续性现象变得越为明显。

提取正交试验中所有工况的桩顶位移值，如表 5.4 所示，可以看出，总体趋势上桩顶位移随着正交节理线密度的增大而逐渐增大，在无节理时桩顶位移最小，纵横两个方面的正交节理线密度均达到最大时，桩顶位移取最大值。为了方便对比观察两个方向的正交节理线密度对抗滑桩桩顶位移影响的差异，定义不同正交节理线密度桩顶位移放大倍数 ω 为各工况计算的桩顶位移值与均质滑床桩顶位移计算值之比，如式（5.5）所示。所有工况下二维正交节理线密度桩顶位移放大倍数 ω 的计算结果如表 5.5 所示。

$$\omega = \frac{x_{h\lambda_1\lambda_2}}{x_{h0}} \tag{5.5}$$

式中：$x_{h\lambda_1\lambda_2}$ 为不同二维正交节理线密度时桩顶位移，cm；x_{h0} 为均质滑床时桩顶位移，cm。

表 5.4　不同二维正交节理线密度桩顶位移值 x_h　　　　（单位：cm）

正交节理线密度	$\lambda_1=0$	$\lambda_1=0.25$	$\lambda_1=0.5$	$\lambda_1=1$	$\lambda_1=1.5$	$\lambda_1=2$	$\lambda_1=3$	$\lambda_1=4$
$\lambda_2=0$	10.6	10.7	10.9	11.2	11.6	11.7	12.1	12.9
$\lambda_2=0.25$	10.6	10.6	11.3	11.5	12.0	12.4	13.0	14.1
$\lambda_2=0.5$	10.8	10.9	11.9	12.1	13.0	13.7	14.4	15.1
$\lambda_2=1$	11.2	11.9	12.7	13.2	14.3	15.6	16.0	18.1
$\lambda_2=1.5$	11.0	11.4	12.3	12.5	13.3	14.4	14.9	15.8
$\lambda_2=2$	11.1	11.5	12.4	12.9	13.8	14.6	15.4	16.4
$\lambda_2=3$	11.6	12.4	13.5	13.6	15.2	16.2	16.8	18.4
$\lambda_2=4$	11.4	11.9	12.7	13.4	13.4	15.4	16.2	17.6

表 5.5　不同二维正交节理线密度桩顶位移放大倍数 ω

正交节理线密度	$\lambda_1=0$	$\lambda_1=0.25$	$\lambda_1=0.5$	$\lambda_1=1$	$\lambda_1=1.5$	$\lambda_1=2$	$\lambda_1=3$	$\lambda_1=4$
$\lambda_2=0$	**1.00**	**1.01**	**1.03**	**1.06**	**1.09**	**1.10**	**1.14**	**1.22**
$\lambda_2=0.25$	**1.00**	1.00	1.07	1.08	1.13	1.17	1.23	1.33
$\lambda_2=0.5$	**1.02**	1.03	1.12	1.14	1.22	1.29	1.36	1.42
$\lambda_2=1$	**1.06**	1.12	1.20	1.25	1.35	1.47	1.51	1.71
$\lambda_2=1.5$	**1.04**	1.08	1.16	1.18	1.25	1.36	1.41	1.49
$\lambda_2=2$	**1.05**	1.08	1.17	1.22	1.30	1.38	1.45	1.55
$\lambda_2=3$	**1.09**	1.17	1.27	1.28	1.43	1.53	1.58	1.74
$\lambda_2=4$	**1.08**	1.12	1.20	1.26	1.26	1.45	1.53	1.66

以均质滑床桩顶位移值为基准值，表 5.5 中显著标明的两排数据（$\lambda_1=0$，$\lambda_2=0$）说明二维正交节理滑床中沿桩长方向正交节理线密度 λ_1 的变化对抗滑桩桩顶位移值的影响程度要比沿桩宽方向正交节理线密度 λ_2 明显。分别选择 λ_1、λ_2 为横坐标，得到抗滑桩桩顶位移放大倍数随不同正交节理线密度的变化曲线，如图 5.26 所示。

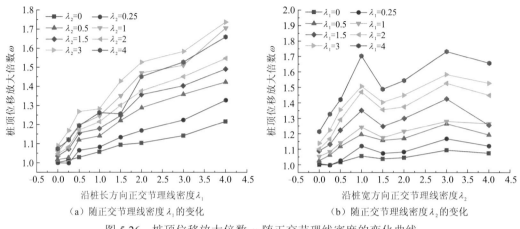

图 5.26　桩顶位移放大倍数 ω 随正交节理线密度的变化曲线

从图 5.26（a）中可以看出，在正交节理线密度 λ_2 保持一定的每种工况中，桩顶位移均随着正交节理线密度 λ_1 的增大而逐渐增大。每种工况的曲线的增长趋势基本与前面得出的结果保持一致，正交节理线密度 λ_1 较小时桩顶位移随正交节理线密度的增大基本呈线性变化。图 5.26（b）中给出了不同正交节理线密度 λ_1 各个工况下抗滑桩桩顶位移随正交节理线密度 λ_2 的变化曲线，对比可以明显发现，随着正交节理线密度 λ_2 的增大，抗滑桩桩顶位移呈现出阶梯状增长，阶梯增长区间可以大致分为两段，即 $\lambda_2=0$ 至 $\lambda_2=1$ 及 $\lambda_2=1$ 至 $\lambda_2=3$。这种阶梯状增长说明抗滑桩桩前块体的受力状态存在差异，图 5.27 给出了 $\lambda_1=1$ 时 $\lambda_2=1$、3 两种工况下的滑床水平位移云图。

从图 5.27 中可以看出，在 $\lambda_2=1$、3 两种工况中桩前滑床块体的受力特征具有一定的相似性，即桩周范围内滑床变形主要集中在桩前区域内。结合式（5.4）对正交节理线密度 λ_2 的定义及图 5.26，可以看出当 λ_2 为奇数时，在满足正交节理关于抗滑桩轴线对称分布的情况下，抗滑桩桩宽刚好是桩前滑床块体宽度的整数倍。抗滑桩承受的推力传递给桩前块体后，桩前块体两侧的其他块体所分担的推力仅能通过结构面强度进行连接。也就是说，在这种情况下，抗滑桩传递下来的推力绝大部分仅由桩前滑床块体承受，而不能很好地将推力分散到抗滑桩两侧的其他滑体上，此时，滑床变形较大，从而导致较大的桩顶位移，这就导致了阶梯性增长的峰值。而当 λ_2 不为奇数时，滑坡推力能很好地分散至两侧更多的滑床上，有利于抗滑桩的稳定。

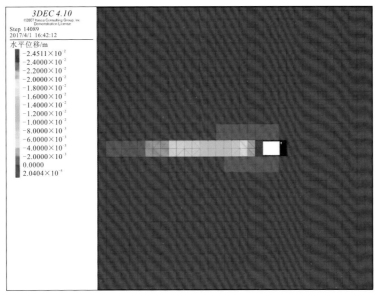

（a）$\lambda_1=1$，$\lambda_2=1$

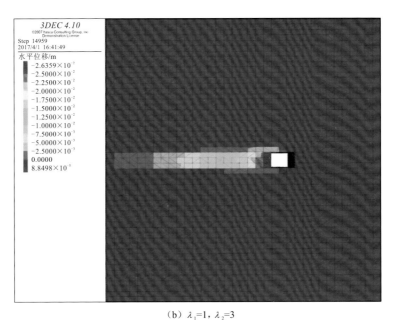

（b）$\lambda_1=1$，$\lambda_2=3$

图 5.27　两个工况二维正交节理滑床水平位移云图

5.4　含正交节理滑床中抗滑桩最小嵌固深度

在侏罗系抗滑桩滑坡治理工程中，由于正交节理对滑床硬岩的强度劣化作用，滑床整体性下降，从而影响抗滑桩嵌固效果。正交节理含量越高，岩体越破碎，抗滑桩嵌固效果越差。实际工程中在抗滑桩设计时均使用均质完整滑床岩体参数进行计算，而由此设计的桩身锚固段长度不足以保证抗滑桩的稳定性，其计算结果往往偏于危险。本节通过概化实际滑坡模型（马家沟滑坡），采用数值模拟的方法，计算不同线密度对抗滑桩嵌固效果的影响，旨在确定不同正交节理线密度作用下达到桩身变形要求的锚固深度修正系数，为该区域抗滑桩滑坡治理工程提供指导。

5.4.1　地质背景与概化模型

1. 地质背景

马家沟滑坡地处长江左岸卧牛山麓，长江支流吒溪河左岸，距长江河口 2.1 km。地理位置为北纬 $31°01'08''$～$31°01'17''$，东经 $110°41'48''$～$110°42'10''$，隶属于秭归归州澎家坡 8 组。该区域侏罗系分布广泛，主要被分为三部分，即下侏罗统（J_1）、中侏罗统（J_2）和上侏罗统（J_3）。滑坡滑床属于侏罗系的上侏罗统（J_3），主要由砂岩和泥岩构成，是典型的软硬相间地层。马家沟滑坡长约 540 m，宽约 200 m，平均厚度为 12.7 m，面积为 9.7 km^2，体积约为 $130×10^4$ m^3（青海九〇六工程勘察设计院，2006）。

地质调查及设计报告显示，马家沟 1 号滑坡治理方式为采用 17 个单排矩形抗滑桩，布桩位置滑坡设计单宽剩余推力为 1 063 kN/m。滑坡工程地质平面图与剖面图如图 5.28所示。抗滑桩截面尺寸为 2 m×3 m，总长为 22 m，桩间距为 7 m，其中悬臂段长度为 14 m，嵌固段长度为 8 m，采用 C30 混凝土，弹性模量为 30 GPa。焦文秀（2007）揭示了马家沟滑坡抗滑桩人工挖孔桩的施工全过程，表明抗滑桩锚固段上部砂岩厚度为 4.25 m，下部泥岩厚度为 3.75 m。根据地质勘查资料，砂岩容重为 26.8 kN/m^3，弹性模量为 24.6 GPa，泊松比为 0.3，黏聚力为 8.1 MPa，内摩擦角为 35.4°；泥岩容重为 24.0 kN/m^3，弹性模量为 5.2 GPa，泊松比为 0.25，黏聚力为 2.1 MPa，内摩擦角为 32.3°。

在实际抗滑桩治理滑坡工程中，抗滑桩最明显、最直观的变形特征是桩顶位移，对于一个不稳定的滑坡，若桩顶位移过大，则抗滑桩有失效的可能，因此对抗滑桩桩顶位移进行监测是十分必要的。针对马家沟滑坡，在抗滑桩治理工程完成后，在坡表设置了GPS 地表位移监测设备，如图 5.28（a）中所示位置。近期的野外调查显示抗滑桩桩顶出现了很多裂缝。GPS 监测结果显示桩顶位移最大为 15 cm。

2. 概化三维地质模型与参数反演

本节为了研究不同正交节理情况下抗滑桩嵌固深度的修正情况，概化马家沟滑坡地质模型，以单个抗滑桩的受力特征建立如图 5.29 所示的基本三维离散元模型。模型整体尺寸为 80 m×39 m×10 m，模型由抗滑桩、上部硬岩与下部软岩三部分组成。上部硬岩厚度为 4 m，抗滑桩截面尺寸为 2 m×3 m，其中，图 5.29 中的基本模型桩的悬臂段长度为 14 m，嵌固段长度为 8 m。下面涉及的正交节理均等间距分布于上部硬岩中，多工况的计算中抗滑桩悬臂段长度保持不变。各材料本构模型及边界条件均与前述一样。

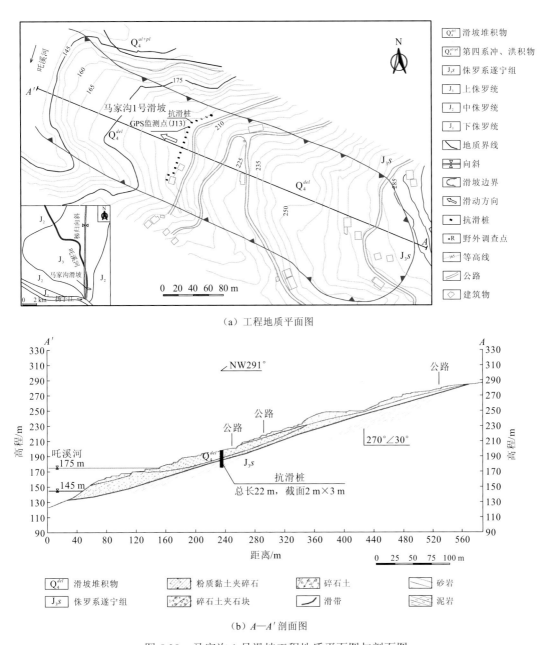

（a）工程地质平面图

（b）A—A′剖面图

图 5.28 马家沟 1 号滑坡工程地质平面图与剖面图

合理的岩土体参数是数值计算的关键，通过查询地质勘查资料，开展室内补充物理力学试验，得到数值计算中材料物理力学参数及正交节理参数如表 5.6 所示。针对抗滑桩后壁推力的设定比较麻烦，本节通过调查抗滑桩实际水平位移值来反演近似的抗滑桩后缘等效均布推力的大小。在数值计算中，滑坡后缘推力简化为均布荷载作用于桩后悬臂段，在抗滑桩设计阶段，采用剩余推力法计算的桩后滑坡剩余单宽推力为 $P=1063\,\mathrm{kN/m}$，认为桩间距 7 m 范围内推力均由单桩承受，并简化为均布荷载，则滑

图 5.29　基本三维离散元模型示意图

坡抗滑桩后缘推力均布荷载为 $p=P\times 7/h_1=0.53\,\mathrm{MPa}$。然而剩余推力法为近似计算方法，实际中桩后的推力形式复杂，直接采用设计推力值将产生较大的误差。本节结合实际岩土体参数，以实际监测桩顶位移值来反演近似等效的抗滑桩桩后推力大小，为后面展开对比试验提供依据。

表 5.6　数值试验材料物理力学参数及正交节理参数表

名称	密度 $\rho/(\mathrm{g/cm^3})$	弹性模量 E/GPa	法向刚度 k_n/GPa	切向刚度 k_s/GPa	泊松比	黏聚力 c/MPa	内摩擦角 $\varphi/(°)$
抗滑桩	2.40	30.00	—	—	0.20	—	—
滑床软岩	2.40	2.64	—	—	0.32	2.1	32.3
滑床硬岩	2.68	12.36	—	—	0.28	8.1	35.4
垂直节理	—	—	1.236	0.483	—	4.0	30.2
层面	—	—	1.000	1.000	—	3.0	25.0

野外正交节理线密度调查结果显示，在马家沟滑坡附近，砂岩沿桩长方向正交节理分布的平均间距约为 2.4 m。针对截面为 2 m×3 m 的抗滑桩，结构面正交节理线密度 $\lambda=1.25$。采用上述基本模型，使用岩土体实际物理力学参数，开展抗滑桩在上部硬岩正交节理线密度为 $\lambda=1.25$ 时不同推力大小情况下抗滑桩变形情况的研究。推力大小分别取值为 0.5 MPa、0.55 MPa、0.6 MPa、0.65 MPa、0.7 MPa、0.75 MPa、0.8 MPa。不同推力作用下，桩顶位移变化曲线如图 5.30 所示。可以发现，在这一推力范围内，桩顶位移随桩后推力均布荷载基本呈线性变化。采用 Origin 软件对曲线进行线性拟合，拟合公式为

$$x_{\mathrm{h}}=22.014\,29\cdot p+0.013\,57 \tag{5.6}$$

GPS 监测的抗滑桩水平位移值为 15 cm，采用上述计算公式，反演得到在抗滑桩桩顶具有相同变形特征的情况下，桩后推力均布荷载为 0.680 8 MPa。本章中选用的基本模型工况桩后推力均布荷载为 0.680 8 MPa。

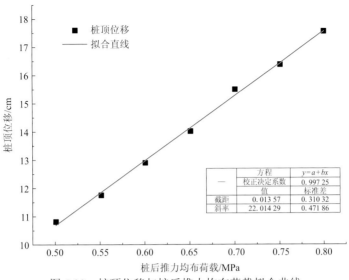

图 5.30　桩顶位移与桩后推力均布荷载拟合曲线

5.4.2　基本工况嵌固机理

1. 最小嵌固深度定义

在抗滑桩滑坡治理工程中，抗滑桩不仅要满足强度要求还要满足变形要求。在实际工程中，通过合理的配筋计算，抗滑桩的弯矩与剪力的强度要求通常可以得到满足；抗滑桩的变形要求是抗滑桩桩身不出现较大的变形，主要通过改变抗滑桩的嵌固深度和截面等方式进行研究，目前为止这方面的研究较少，特别是在节理较为发育的岩体中，采用传统的计算方式直接确定嵌固深度往往会导致抗滑桩有较大的自身变形，使整体治理工程偏于危险。《铁路路基支挡结构设计规范》（TB 10025—2019）中规定，桩板式挡墙的桩顶允许位移应小于悬臂段长度的 1/100，并且不宜高于 10 cm。抗滑桩的悬臂段长度随滑体厚度的变化而变化，因此固定桩顶位移设计防治结构显得不合理，故本节将前部分约束条件作为抗滑桩桩顶位移的变形要求，即

$$x_{ha} \leqslant 0.01 h_1 \tag{5.7}$$

式中：x_{ha} 为抗滑桩允许的最大桩顶位移；h_1 为抗滑桩悬臂段长度。

对于一个确定的滑坡，抗滑桩悬臂段长度 h_1 为定值，相应的允许最大桩顶位移 x_{ha} 也被限制。对于上部硬岩、下部软岩的复合地层，存在一个最小嵌固深度 $h_{2\min}$。针对上述提出的基本计算模型，采用数值模拟方法确定上部为硬岩、下部为软岩时抗滑桩的最小嵌固深度 $h_{2\min}$。计算工况共设置为 11 种，分别命名为 F_1、F_2、F_3、F_4、F_5、F_6、F_7、F_8、F_9、F_{10} 和 F_{11}。对应抗滑桩嵌固深度 h_2 分别为 4 m、5 m、6 m、7 m、8 m、9 m、10 m、11 m、12 m、14 m 和 16 m，这 11 种工况的上部硬岩为均质硬岩，硬岩中正交节理线密度 $\lambda = 1.25$，其余条件均保持一致。

2. 不同嵌固深度抗滑桩嵌固效果

嵌固深度为 6 m、8 m、10 m、12 m、14 m 和 16 m 共 6 种工况的抗滑桩桩身水平方向应力云图如图 5.31 所示。对比图 5.31 可以看出，抗滑桩在桩后推力的作用下，针对不同嵌固深度的抗滑桩，桩前水平应力最大值出现的位置均处于硬岩上部，该部位较大的水平应力为抗滑桩提供了较大的锚固反力，从而限制了抗滑桩的变形；桩后水平应力最大值出现的位置均位于滑床软硬分界面以下。对比不同嵌固深度桩身水平应力云图可以发现，桩后最大水平应力所处位置基本随着抗滑桩嵌固深度的增大而逐渐下移 [图 5.31（a）～（d）]，说明此时抗滑桩的嵌固深度变化对抗滑桩的受力变形有较大的影响；当嵌固深度增加到一定程度时，由图 5.31（e）、（f）可以看出，此时桩后水平应力最大值所处位置基本保持不变，表明此时嵌固深度已经不是影响桩身变形差异的主控因素，继续增大嵌固深度对改善抗滑桩桩身变形效果不大，这也从另外一方面证实了抗

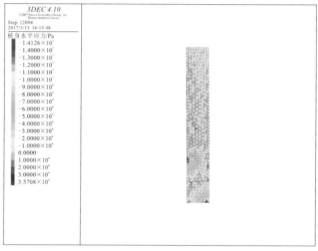

（a）h_2=6 m

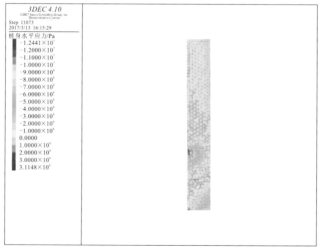

（b）h_2=8 m

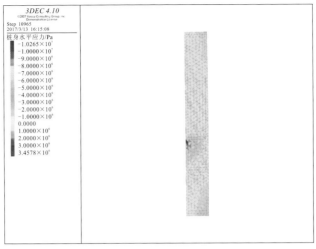

（c）h_2=10 m

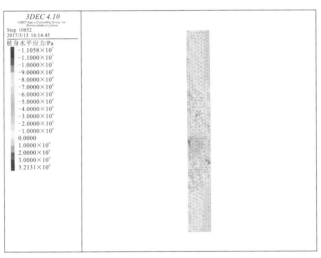

（d）h_2=12 m

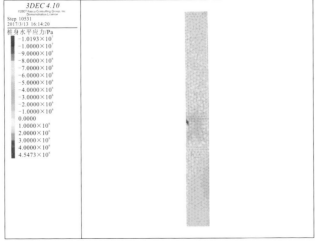

（e）h_2=14 m

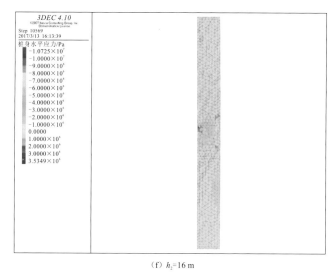

（f）$h_2 = 16\,\text{m}$

图 5.31　基本计算模型（$\lambda = 1.25$）不同嵌固深度抗滑桩桩身水平应力云图

滑桩的嵌固深度存在最优值，当嵌固深度大于最优嵌固深度时，桩身变形改变不大，盲目增大嵌固深度只会造成工程成本的增大。

不同工况下抗滑桩桩身不同深度的水平位移变化曲线，如图 5.32 所示。由图 5.32 可以看出，抗滑桩在某一特定嵌固深度条件下，桩身水平位移值随着深度的增大而逐渐减小，在桩底部逐渐趋于零；针对抗滑桩同一深度位置，水平位移值随着嵌固深度的减小而逐渐增大。当嵌固深度较小（$h_2 = 4\,\text{m}$、$5\,\text{m}$、$6\,\text{m}$）时，随着嵌固深度的增大，桩身变形差异明显，表明这一阶段嵌固深度的大小对抗滑桩变形影响很大；而当嵌固深度较大（$h_2 = 12\,\text{m}$、$14\,\text{m}$、$16\,\text{m}$）时，桩身水平位移值随着嵌固深度的增大变动幅度较小，说明此阶段嵌固深度已不是影响抗滑桩变形的主控因素。此外，对比可以发现，当嵌固深度较小（$h_2 = 4\,\text{m}$、$5\,\text{m}$）时，抗滑桩由于滑床所提供的锚固作用较小，桩身水平位移较大，并且基本趋于一条直线，说明此时抗滑桩的变形基本为整体的侧移，表现为刚性桩的性质。

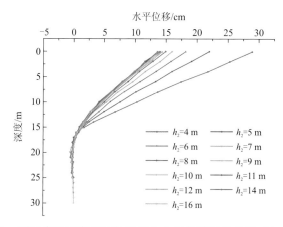

图 5.32　不同嵌固深度下抗滑桩桩身水平位移变化曲线（$\lambda = 1.25$）

　　针对不同嵌固深度工况，提取抗滑桩在不同嵌固深度的桩顶水平位移值，如图 5.33（d）所示。由图 5.33（d）可以看出，随着抗滑桩嵌固深度的增大，桩顶水平位移值逐渐变小。当嵌固深度较小时，嵌固深度的改变对桩顶水平位移变化的影响明显；随着嵌固深度的增大，桩顶水平位移基本趋于一个稳定值，此时说明抗滑桩的变形已基本不受嵌固深度的影响。采用 Origin 软件对曲线进行拟合，拟合公式为

$$x_{\mathrm{h}} = 178.956\,47 \cdot e^{-0.615\,51 h_2} + 13.710\,64 \tag{5.8}$$

式中：x_{h} 为抗滑桩桩顶位移，cm；h_2 为抗滑桩嵌固段长度，m。

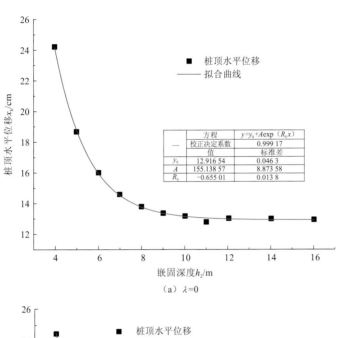

（a）$\lambda = 0$

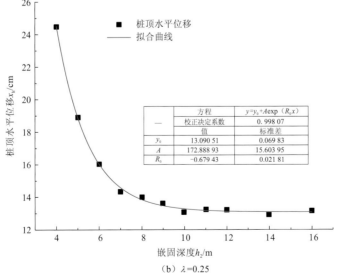

（b）$\lambda = 0.25$

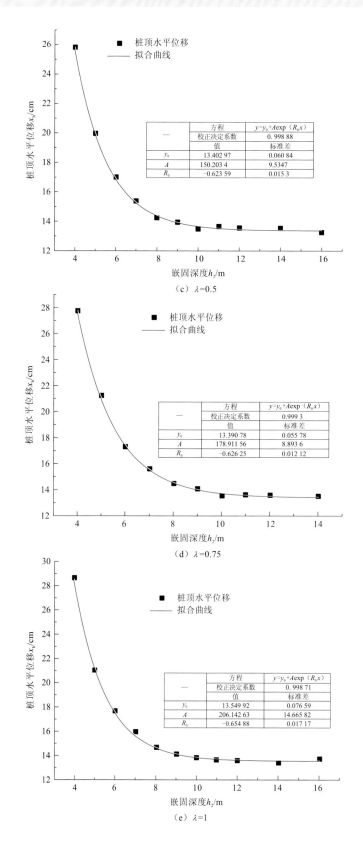

（c）λ=0.5

（d）λ=0.75

（e）λ=1

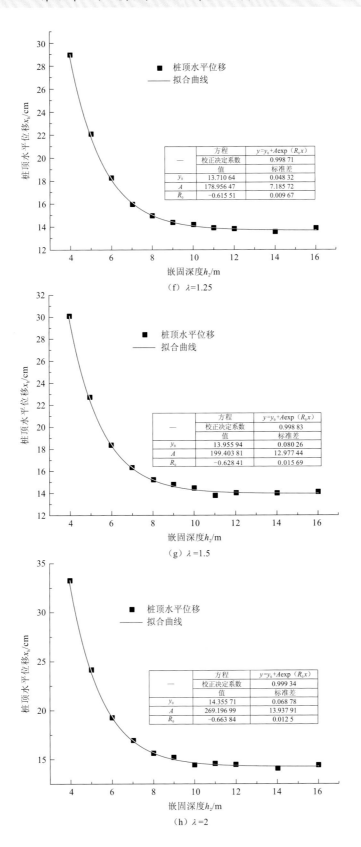

（f）$\lambda=1.25$

（g）$\lambda=1.5$

（h）$\lambda=2$

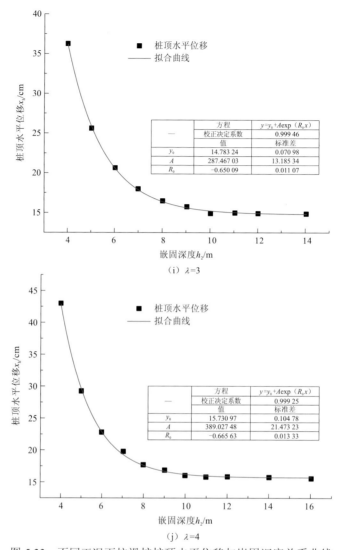

图 5.33 不同工况下抗滑桩桩顶水平位移与嵌固深度关系曲线

抗滑桩桩身若出现较大变形，会造成抗滑桩表面钢筋保护层的破坏，进一步引起钢筋的侵蚀破坏，最终引起抗滑桩的失效，造成滑坡的整体失稳。式（5.7）中给出了抗滑桩的变形要求，针对马家沟滑坡，抗滑桩悬臂段长度为 14m，即最大桩顶位移不超过 14cm，代入式（5.7）中计算得到抗滑桩最小嵌固深度为 10.44m，实际工程中抗滑桩嵌固深度略短。

5.4.3 含不同线密度正交节理抗滑桩嵌固深度

1. 不同线密度正交节理正交试验

5.4.2 小节中研究了抗滑桩在基本计算工况中桩顶水平位移随嵌固深度的变化关系，

通过拟合函数，最终给出了桩顶水平位移随嵌固深度的拟合曲线。式（5.7）中给出了抗滑桩的桩身变形要求，联立式（5.7）与式（5.8），最终可以确定上部均质硬岩在正交节理线密度 $\lambda=1.25$ 时桩身在满足变形要求的前提下抗滑桩的最小嵌固深度 $h_{2\min1.25}$。在实际抗滑桩设计计算中，为了方便计算，往往忽略了上部硬岩中正交节理对抗滑桩变形的影响，以完整岩性物理力学参数计算得到的桩身嵌固深度偏于危险，本小节在 5.4.2 小节研究的基础上，讨论不同线密度正交节理对抗滑桩最小嵌固深度的影响情况，旨在确定抗滑桩在不同线密度正交节理岩体中最小嵌固深度的修正情况，通过修正最小嵌固深度，最终达到与均质硬岩相同的嵌固效果。

在 5.4.2 小节的基础上，根据正交节理线密度的不同增加设置工况 A（$\lambda=0$）、B（$\lambda=0.25$）、C（$\lambda=0.5$）、D（$\lambda=0.75$）、E（$\lambda=1$）、G（$\lambda=1.5$）、H（$\lambda=2$）、I（$\lambda=3$）、J（$\lambda=4$），每种工况根据嵌固深度 h_2 的不同，又细分为 4 m、5 m、6 m、7 m、8 m、9 m、10 m、11 m、12 m、14 m 和 16 m，一共 99 组工况，详细工况如表 5.7 所示。各工况除了正交节理线密度与嵌固深度存在差异以外，其余条件均保持一致。提取不同线密度正交节理下抗滑桩桩顶水平位移与嵌固深度，针对每种工况，采用 Origin 进行曲线拟合，得到嵌固深度与桩顶水平位移的拟合曲线。对比不同线密度正交节理的 8 种工况发现，整体趋势上，随着正交节理线密度的增大，抗滑桩桩顶水平位移逐渐减小，最终基本趋于一个稳定值，说明嵌固深度对抗滑桩的变形影响存在一定的极限。

表 5.7 各工况抗滑桩最小嵌固深度计算统计表

工况	正交节理线密度	嵌固深度 h_2/m	拟合函数	校正决定系数	最小嵌固深度 $h_{2\min}$/m
A	$\lambda=0$		$x_h=12.916\,54+155.138\,57e^{-0.655\,01h_2}$	0.999 17	7.58
B	$\lambda=0.25$		$x_h=13.090\,51+172.888\,93e^{-0.679\,43h_2}$	0.998 07	7.72
C	$\lambda=0.5$		$x_h=13.402\,97+150.203\,4e^{-0.623\,59h_2}$	0.998 88	8.86
D	$\lambda=0.75$		$x_h=13.390\,78+176.911\,56e^{-0.626\,25h_2}$	0.999 3	9.06
E	$\lambda=1$	4、5、6、7、8、9、10、11、12、14、16	$x_h=13.549\,92+206.142\,63e^{-0.654\,88h_2}$	0.998 71	9.36
F	$\lambda=1.25$		$x_h=13.710\,64+178.956\,47e^{-0.615\,51h_2}$	0.998 71	10.44
G	$\lambda=1.5$		$x_h=13.955\,94+199.403\,81e^{-0.628\,41h_2}$	0.998 83	13.40
H	$\lambda=2$		$x_h=14.355\,71+269.196\,99e^{-0.663\,84h_2}$	0.999 34	—
I	$\lambda=3$		$x_h=14.783\,24+287.467\,03e^{-0.650\,09h_2}$	0.999 46	—
J	$\lambda=4$		$x_h=15.730\,97+389.027\,48e^{-0.665\,63h_2}$	0.999 25	—

对每种工况的数据采用 Origin 进行拟合得到拟合曲线，如表 5.7 所示。根据式（5.7）中给出的抗滑桩变形要求，在抗滑桩悬臂段长度为 14 m 的情况下，最大桩顶水平位移限制在 14 cm，以此为原则计算含不同线密度正交节理时各工况的抗滑桩最小嵌固深度，各工况计算结果如表 5.7 所示。

2. 不同线密度正交节理最小嵌固深度修正

在传统的抗滑桩设计中,往往忽略了滑床中节理对滑床强度的劣化影响,采用无节理均质岩性计算抗滑桩嵌固深度往往偏于危险。本节定义抗滑桩最小嵌固深度修正系数为

$$\eta = \frac{h_{2\min\lambda}}{h_{2\min0}} \tag{5.9}$$

式中:$h_{2\min\lambda}$ 为含不同线密度正交节理工况下最小嵌固深度;$h_{2\min0}$ 为均质不含节理工况下最小嵌固深度。

通过上述方法,在实际工程中只需确定正交节理的线密度,即可对均质无节理滑床中最小嵌固深度进行一定的修正,以使抗滑桩达到相同的变形要求。计算结果表明当正交节理线密度 $\lambda=0.25$ 时,修正系数 $\eta=1.02$;当正交节理线密度 $\lambda=0.5$ 时,修正系数 $\eta=1.17$;当正交节理线密度 $\lambda=0.75$ 时,修正系数 $\eta=1.19$;当正交节理线密度 $\lambda=1$ 时,修正系数 $\eta=1.23$;当正交节理线密度 $\lambda=1.25$ 时,修正系数 $\eta=1.38$;当正交节理线密度 $\lambda=1.5$ 时,修正系数 $\eta=1.77$。图 5.34 为不同正交节理线密度情况下使抗滑桩达到与均质无节理滑床中相同嵌固效果的最小嵌固深度修正系数曲线。由图 5.34 可以看出,随着正交节理线密度的增大,最小嵌固深度修正系数基本可以拟合为一指数函数,拟合方程为

$$\eta = 0.030\ 11 \cdot e^{2.136\ 54\lambda} + 1 \tag{5.10}$$

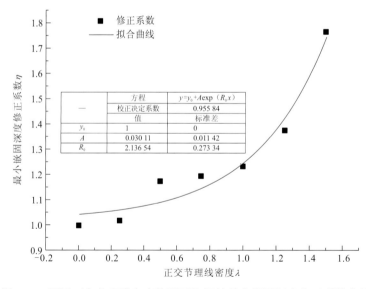

图 5.34　不同正交节理线密度情况下抗滑桩最小嵌固深度修正系数曲线

从表 5.7 中计算结果可以看出,当正交节理线密度 $\lambda=2$、3、4 时,抗滑桩最小桩顶水平位移均大于式(5.7)中给出的抗滑桩桩顶变形要求,说明此种情况下要使抗滑桩达到与均质硬岩相同的嵌固效果,只通过改变嵌固深度是不可能达到的,嵌固深度对抗滑桩的变形影响已经达到了极限状态。

第 6 章

软硬相间地层抗滑桩嵌固深度与桩位优化

6.1　软硬相间地层抗滑桩受力计算方法

抗滑桩嵌固段的受力计算是抗滑桩设计计算中不可或缺的部分。传统的计算方法主要建立在均质滑床的基础上,对于非均质地层中抗滑桩的受力计算,一些学者也对其进行了推导(詹红志 等,2014;刘静,2007),但均基于地层为水平情况。在软硬相间地层中,当岩层具有一定倾角时,桩前、桩后的软、硬岩厚度将发生改变。本章将基于刚性桩的抗滑桩内力计算方法,对具有一定倾角的软硬相间地层中抗滑桩的受力进行分析,并研究软、硬岩厚度的变化对抗滑桩稳定性的影响。

抗滑桩内力的计算方法一般可分为压力法和位移法,其中压力法的应用比较广泛,该法以文克勒的弹性地基梁模型为基础,假设滑坡体为弹性介质,对抗滑桩进行受力计算。根据不同的计算方式又可细分为弹性分析法、地基反力法、P-y 曲线法和数值分析法等。目前我国工程中常采用弹性地基反力法对抗滑桩进行内力和变形计算,该方法又可细分为线弹性地基反力法(包括"K"法、"m"法、"c"法等)和非线弹性地基反力法(包括双参数法和港研法)(刘静,2007)。以上方法均基于均质滑床,詹红志等(2014)建立了一种不同地基系数的弹性抗滑桩力学模型,用于计算多层非均质滑床抗滑桩的内力及位移。

6.1.1　均质滑床抗滑桩内力计算

将抗滑桩按一端固定的悬臂梁考虑,抗滑桩自由段的剪力和弯矩可由下式计算:

$$Q_A = (P - E_n') \cdot L_p \tag{6.1}$$

$$M_A = (P \cdot h_0 - E_n' \cdot h_0') \cdot L_p \tag{6.2}$$

式中:Q_A 为滑动面处抗滑桩受到的剪力,kN;M_A 为滑动面处抗滑桩受到的弯矩,kN·m;P 为设桩处的滑坡剩余单宽推力,kN/m;E_n' 为桩前剩余抗滑力,kN/m;L_p 为桩间距,m;h_0 为滑坡推力分布图形重心至滑动面的距离,m;h_0' 为剩余抗滑力分布图形重心至滑动面的距离,m。

土压力的分布形式一般为三角形、梯形和矩形,如图 6.1 所示为土压力分布示意图,其中:

$$T_1 = \frac{6M_A - 2(P - E_n') \cdot L_p \cdot h_1}{h_1^2} \tag{6.3}$$

$$T_2 = \frac{6(P - E_n') \cdot L_p \cdot H - 12M_A}{h_1^2} \tag{6.4}$$

当土压力呈三角形分布时,$T_1 = 0$;当土压力呈矩形分布时,$T_2 = 0$。

桩身各点的剪力和弯矩可按下式计算:

$$Q_y = T_1 \cdot y + \frac{T_2 \cdot y^2}{2h_1} \tag{6.5}$$

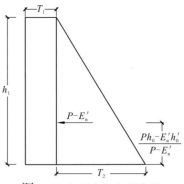

图 6.1　土压力分布示意图

$$M_y = \frac{T_1 \cdot y^2}{2} + \frac{T_2 \cdot y^3}{6h_1} \tag{6.6}$$

式中：h_1 为抗滑桩悬臂段长度，m；y 为自由段桩身某点距桩顶的距离，m。

自由段桩身的变形微分方程为

$$\frac{\mathrm{d}^2 x}{\mathrm{d}y^2} = \frac{M(y)}{E_p I_p} \tag{6.7}$$

式中：E_p 为桩的弹性模量，kPa；I_p 为桩的截面惯性矩，m^4。

联立式（6.5）～式（6.7）可得桩身自由段某点的水平位移和转角为

$$x_y = x_A - \varphi_A (h_1 - y) + \frac{T_1}{E_p I_p} \left(\frac{h_1^4}{8} - \frac{h_1^3}{6} + \frac{y^4}{24} \right) + \frac{T_2}{E_p I_p h_1} \left(\frac{h_1^5}{30} - \frac{h_1^4 y}{24} + \frac{y^5}{120} \right) \tag{6.8}$$

$$\varphi_y = \varphi_A - \frac{T_1}{6E_p I_p} (h_1^3 - y^3) - \frac{T_2}{24E_p I_p h_1} (h_1^4 - y^4) \tag{6.9}$$

式中：x_y 为桩身自由段各点的水平位移，m；x_A 为桩身在滑动面处的水平位移，m；φ_y 为自由段桩身各点的转角，（°）；φ_A 为滑动面处桩身转角，（°）。

6.1.2　刚性桩嵌固段受力计算

刚性桩由于桩身具有很大的刚度，将其视为刚体，其在滑坡推力的作用下绕某点发生一定的转动，当嵌固岩层为土层或较软岩时，其将绕桩身某一点转动；当嵌固土层为坚硬、较完整的岩石时，其将绕桩底转动。其与弹性桩的区分判别方法有"K"法和"m"法两种计算方式。根据"K"法计算时，当 $\beta_K \cdot h_2$ 的值大于 1 时属于弹性桩，当 $\beta_K \cdot h_2$ 的值小于等于 1 时属于刚性桩；根据"m"法计算时，当 $\alpha_K \cdot h_2$ 的值大于 2.5 时属于弹性桩，当 $\alpha_K \cdot h_2$ 的值小于等于 2.5 时属于刚性桩。其中，h_2 为桩身的嵌固深度，α_K、β_K 为桩身变形系数（单位：m^{-1}），计算公式如下（徐邦栋，2001）：

$$\beta_K = \left(\frac{K_H B_p}{4E_p I_p} \right)^{\frac{1}{4}} \tag{6.10}$$

$$\alpha_K = \left(\frac{m_H B_p}{E_p I_p} \right)^{\frac{1}{5}} \tag{6.11}$$

式中：K_H 为"K"法的侧向地基系数，kN/m^3；B_p 为桩的正面计算宽度，m；m_H 为"m"法的地基系数比例系数，kN/m^4。

如图 6.2 所示，采用"m"法对抗滑桩嵌固段内力、位移进行计算，设桩底为自由端，且滑面处岩土体的地基系数为 A_m、A'_m。

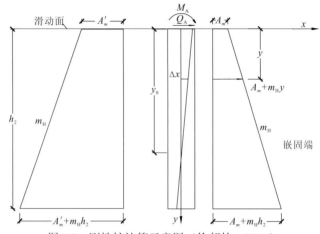

图 6.2　刚性桩计算示意图（徐邦栋，2001）

当 $y \leqslant y_0$ 时，

$$\sigma_y = (A_m + m_H y)(y_0 - y)\Delta\varphi \tag{6.12}$$

$$Q_y = Q_A - \frac{1}{2} B_p A_m \Delta\varphi y (2y_0 - y) - \frac{1}{6} B_p m_H \Delta\varphi y^2 (3y_0 - 2y) \tag{6.13}$$

$$M_y = M_A + Q_A y - \frac{1}{6} B_p A_m \Delta\varphi y^2 (3y_0 - y) - \frac{1}{12} B_p m_H \Delta\varphi y^3 (2y_0 - y) \tag{6.14}$$

当 $y > y_0$ 时，

$$\sigma_y = (A_m + m_H y)(y_0 - y)\Delta\varphi \tag{6.15}$$

$$Q_y = Q_A - \frac{1}{2} B_p A_m \Delta\varphi y_0^2 - \frac{1}{6} B_p m_H \Delta\varphi y^2 (3y_0 - 2y) + \frac{1}{2} B_p A'_m \Delta\varphi (y - y_0)^2 \tag{6.16}$$

$$M_y = M_A + Q_A y - \frac{1}{6} B_p A_m \Delta\varphi y_0^2 (3y - y_0) - \frac{1}{12} B_p m_H \Delta\varphi y^3 (2y_0 - y) + \frac{1}{6} B_p A'_m \Delta\varphi (y - y_0)^3 \tag{6.17}$$

式中：Δx 为桩身任意截面的位移，m；σ_y 为桩身任意截面的侧应力，kN/m^2；M_y 为桩身任意截面弯矩，$kN \cdot m$；Q_y 为桩身任意截面的剪力，kN；$\Delta\varphi$ 为桩的旋转角，（°）；y 为桩计算截面至滑动面的距离，m；y_0 为桩旋转中心至滑动面的距离，m；h_2 为桩身嵌固段的长度，m。

当式（6.12）～式（6.17）中 $m_H = 0$，即岩土体的地基系数为一常数时，即"K"法。

6.2　软硬相间地层抗滑桩变形计算

6.2.1　理论计算方法

相对于均质滑床而言，多层滑床抗滑桩变形计算方法更为复杂。对于多层滑床，使用 i（$i=1$，2，$\cdots$，n_1）来描述滑床自上而下的层数，n_1 为滑床的总层数。

第 i 层滑床，抗滑桩变形偏微分方程为（Li et al.，2017）

$$E_p I_p \frac{\mathrm{d}^4 x}{\mathrm{d}y^4} + x K_i B_p = 0 \tag{6.18}$$

$$\frac{\mathrm{d}^4 x}{\mathrm{d}y^4} + 4 \cdot \beta_i^4 \cdot x = 0 \tag{6.19}$$

式中：K_i 为第 i 层滑床地基系数；β_i 为第 i 层滑床中桩的变形系数；B_p 为抗滑桩的正面计算宽度，对于矩形桩而言，$B_p = b_p + 1$，b_p 为抗滑桩截面宽度；坐标系统为 xOy，x 方向为水平方向，y 方向为滑带以下沿桩深方向。

通过求解偏微分方程，式（6.19）可表示为

$$
\begin{pmatrix}
x_i \\
\dfrac{\varphi_i}{\beta_i} \\
\dfrac{M_i}{\beta_i^2 E_p I_p} \\
\dfrac{Q_i}{\beta_i^3 E_p I_p}
\end{pmatrix}
=
\begin{pmatrix}
\psi_1 & \psi_2 & \psi_3 & \psi_4 \\
-4\psi_4 & \psi_1 & \psi_2 & \psi_3 \\
-4\psi_3 & -4\psi_4 & \psi_1 & \psi_2 \\
-4\psi_2 & -4\psi_3 & -4\psi_4 & \psi_1
\end{pmatrix}
\begin{pmatrix}
x_{i-1} \\
\dfrac{\varphi_{i-1}}{\beta_i} \\
\dfrac{M_{i-1}}{\beta_i^2 E_p I_p} \\
\dfrac{Q_{i-1}}{\beta_i^3 E_p I_p}
\end{pmatrix}
\tag{6.20}
$$

式中：x_i、φ_i、M_i 和 Q_i 分别为抗滑桩处于第 i 层滑床时桩的水平位移、转角、弯矩和剪力；x_{i-1}、φ_{i-1}、M_{i-1} 和 Q_{i-1} 分别为抗滑桩处于第 i-1 层滑床时桩的水平位移、转角、弯矩和剪力；ψ_1、ψ_2、ψ_3 和 ψ_4 分别为可以求解出来的相关函数方程，计算方法为

$$
\begin{cases}
\psi_1 = \cos(\beta_i \times \Delta y) \times \cosh(\beta_i \times \Delta y) \\[2mm]
\psi_2 = \dfrac{1}{2}\big[\sin(\beta_i \times \Delta y) \times \cosh(\beta_i \times \Delta y) + \cos(\beta_i \times \Delta y) \times \sinh(\beta_i \times \Delta y)\big] \\[2mm]
\psi_3 = \dfrac{1}{2}\sin(\beta_i \times \Delta y) \times \sinh(\beta_i \times \Delta y) \\[2mm]
\psi_4 = \dfrac{1}{4}\big[\sin(\beta_i \times \Delta y) \times \cosh(\beta_i \times \Delta y) - \cos(\beta_i \times \Delta y) \times \sinh(\beta_i \times \Delta y)\big] \\[2mm]
\Delta y = y_i - y_{i-1}
\end{cases}
\tag{6.21}
$$

其中：Δy 为第 i 层滑床沿桩深方向的厚度；y_i 为第 i 层滑床上部相对于 xOy 坐标系统所在位置；y_{i-1} 为第 i-1 层滑床上部相对于 xOy 坐标系统所在位置。

代入滑床不同层的地基系数，式（6.20）可表示为

$$
\begin{pmatrix} x_i \\ \varphi_i \\ M_i \\ Q_i \end{pmatrix} = \begin{pmatrix} \psi_1 & \dfrac{\psi_2}{\beta_i} & \dfrac{\psi_3}{\beta_i^2 E_p I_p} & \dfrac{\psi_4}{\beta_i^3 E_p I_p} \\ -4\psi_4\beta_i & \psi_1 & \dfrac{\psi_2}{\beta_i E_p I_p} & \psi_3 \\ -4\psi_3\beta_i^2 E_p I_p & -4\psi_4\beta_i E_p I_p & \psi_1 & \dfrac{\psi_2}{\beta_i} \\ -4\psi_2\beta_i^3 E_p I_p & -4\psi_3\beta_i^2 E_p I_p & -4\psi_4\beta_i & \psi_1 \end{pmatrix} \begin{pmatrix} x_{i-1} \\ \varphi_{i-1} \\ M_{i-1} \\ Q_{i-1} \end{pmatrix} \quad （6.22）
$$

式（6.22）易采用如下矩阵求解：

$$
\boldsymbol{X}_i = \boldsymbol{\delta}_i \cdot \boldsymbol{X}_{i-1} \quad （6.23）
$$

式中：$\boldsymbol{X}_i$ 为第 i 层滑床中抗滑桩的水平位移、转角、弯矩和剪力矩阵；$\boldsymbol{\delta}_i$ 为相关系数矩阵，包括相关系数方程、桩变形系数和桩的抗弯刚度（$E_p I_p$）。

对于 n_1 层滑床，滑带处桩的变形和桩顶的变形可采用式（6.24）建立相应关系：

$$
\begin{cases} \boldsymbol{X}_n = \boldsymbol{\delta} \cdot \boldsymbol{X}_0 \\ \boldsymbol{\delta} = \boldsymbol{\delta}_n \boldsymbol{\delta}_{n-1} \cdots \boldsymbol{\delta}_i \cdots \boldsymbol{\delta}_2 \boldsymbol{\delta}_1 = \begin{pmatrix} A_1 & A_2 & A_3 & A_4 \\ B_1 & B_2 & B_3 & B_4 \\ C_1 & C_2 & C_3 & C_4 \\ D_1 & D_2 & D_3 & D_4 \end{pmatrix} \end{cases} \quad （6.24）
$$

式中：$A_1 \sim A_4$、$B_1 \sim B_4$、$C_1 \sim C_4$ 和 $D_1 \sim D_4$ 均为相关系数，需要进一步确定。

马家沟滑坡滑床为上硬下软两层（$n_1 = 2$），根据上述多层滑床抗滑桩变形计算方法，该滑坡抗滑桩变形计算表达式为

$$
\begin{cases} E_p I_p \dfrac{\mathrm{d}^4 x}{\mathrm{d} y^4} + x K_h B_p = 0 & （0 \leqslant y \leqslant T_h） \\ E_p I_p \dfrac{\mathrm{d}^4 x}{\mathrm{d} y^4} + x K_m B_p = 0 & （T_h < y \leqslant h_2） \end{cases} \quad （6.25）
$$

式中：K_h 为上部硬岩滑床地基系数；K_m 为下部软岩滑床地基系数；T_h 为上部硬岩厚度；h_2 为抗滑桩嵌固深度。

通过上述方法，在认为桩底端为自由端的情况下，抗滑桩不同深度桩身水平位移、转角、弯矩及剪力均可计算。抗滑桩滑带以上桩身水平位移的完整表达式为

$$
x(y) = x_A + |y| \cdot \varphi_A + \frac{P \cdot L_p}{E_p I_p h_1} \left[\frac{1}{24} \left(h_1 - |y|\right)^4 - \frac{h_1^3}{6} \left(h_1 - |y|\right) + \frac{h_1^4}{8} \right] \quad （6.26）
$$

式中：P 为滑坡剩余单宽推力；L_p 为桩间距；h_1 为抗滑桩悬臂段长度；x_A 和 φ_A 分别为抗滑桩在滑带处的水平位移和转角。

6.2.2　马家沟滑坡验证

根据勘查报告及野外原位承压板测试，马家沟滑坡滑床上部中风化石英砂岩（硬岩）

和下部中风化泥岩（软岩）的地基系数 K_h、K_m 分别为 $1.75 \times 10^5 \text{kPa/m}$ 和 $0.5 \times 10^5 \text{kPa/m}$。滑坡单宽剩余推力为 1 063 kN/m；桩截面尺寸为 2 m（b_p）×3 m（a_p）；桩弹性模量为 $3.0 \times 10^7 \text{kPa}$，桩间距为 7 m。桩长为 22 m，其中自由端长 14 m，嵌固段长 8 m。野外 GPS 监测结果显示桩顶位移为 15 cm。将相关参数代入式（6.25）、式（6.26），得出桩顶水平位移为 15.01 cm，这个计算结果与野外测试结果（15 cm）一致（Li et al.，2019b）。

6.3　合理嵌固深度的确定

6.3.1　桩身变形与嵌固深度相关性

马家沟滑坡抗滑桩嵌固段深度为 8 m，为研究嵌固深度对桩变形的影响，本节分别计算嵌固深度为 9 m、10 m、11 m、12 m 时桩变形量的大小，计算结果如图 6.3 所示。

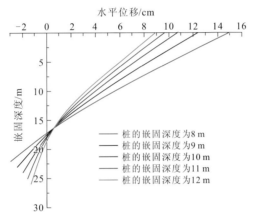

图 6.3　不同嵌固深度下桩变形计算结果

从图 6.3 中可以看出，随着抗滑桩嵌固深度的增大，桩顶水平位移值逐渐变小。为更好地描述抗滑桩的嵌固效果，定义嵌固比 $\overline{\omega}$ 为抗滑桩嵌固段长度 h_2 与抗滑桩总长度之比：

$$\overline{\omega} = \frac{h_2}{h_1 + h_2} \tag{6.27}$$

采用式（6.27）计算出马家沟滑坡嵌固比为 0.364，图 6.3 显示随着桩嵌固深度的增大，桩身变形减小，提取桩顶水平位移值，可得到嵌固比与桩顶水平位移值 x_h 的关系曲线图（图 6.4）。采用数学方法针对曲线进行拟合，最终得到拟合曲线为负幂指数曲线，即

$$x_h = 1.565\,4 \cdot \overline{\omega}^{-2.225} \tag{6.28}$$

同样，式（6.28）可以改写为

$$\overline{\omega} = 1.260\,0 \cdot x_h^{-0.461} \tag{6.29}$$

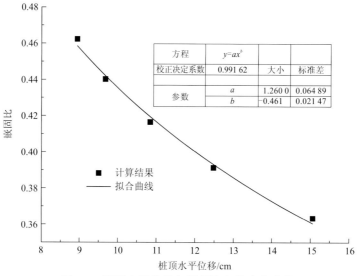

图 6.4 桩顶水平位移与嵌固比相关变化曲线

6.3.2 合理嵌固深度定义

从式（6.29）中可以看出，若抗滑桩桩顶水平位移确定，则抗滑桩的嵌固深度也相应确定。众所周知，在抗滑桩滑坡治理工程中，抗滑桩不仅要满足强度要求，还需满足变形要求。在实际工程中，对于其强度设计，需满足弯矩与剪力要求，主要通过合理配筋计算实现；对于其变形要求，即保证抗滑桩桩身变形较小，主要通过改变抗滑桩嵌固深度及截面等方式实现。《铁路路基支挡结构设计规范》（TB 10025—2019）中规定，桩板式挡墙的桩顶允许位移应小于悬臂段长度（h_1）的 $1/100$，且不高于 10 cm。由于抗滑桩的悬臂段长度随着滑体厚度的变化而变化，固定桩顶水平位移不合理，本节将前部分约束条件作为抗滑桩桩顶水平位移的变形要求。

由于桩顶位移主要受桩嵌固比（$\bar{\omega}$）、滑床上部硬岩厚度（T_h）、上部硬岩地基系数（K_h）、下部软岩地基系数（K_m）和滑坡推力（P）等因素的影响，则桩顶水平位移可表示为（Li et al.，2019b）

$$\begin{cases} x_h = f\left(\bar{\omega}, T_h, K_h, K_m, P\right) \\ x_{ha} \leqslant 0.01 \cdot h_1 \\ x_{ha} \leqslant 10 \text{ cm} \end{cases} \quad (6.30)$$

对于一个给定的滑坡，抗滑桩悬臂段长度（h_1）、滑床上部硬岩厚度（T_h）、上部硬岩地基系数（K_h）、下部软岩地基系数（K_m）和滑坡推力（P）均为已知。结合式（6.29）中桩顶水平位移与嵌固比之间的负指数关系，桩的合理嵌固比（$\bar{\omega}_r$）可以表示为

$$\begin{cases} \bar{\omega}_r = a \cdot x_h^b \\ x_{ha} \leqslant 0.01 \cdot h_1 \\ x_{ha} \leqslant 10 \text{ cm} \end{cases} \quad (6.31)$$

式中：a 和 b 为未确定的参数，可以通过曲线拟合确定。为了更好地区别两种桩顶位移的极限状态（x_{ha}），将 $0.01h_1$ 视为第一桩顶位移上限值（x_{ha1}），10 cm 为第二桩顶水平位移上限值（x_{ha2}），最终抗滑桩桩顶的水平位移值取最小值。

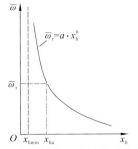

图 6.5 显示抗滑桩水平位移值随着抗滑桩嵌固比的增大而逐渐较小。然而，由于桩后滑坡推力的存在，抗滑桩水平位移值不可能为零。实际上，在

图 6.5　抗滑桩合理嵌固比确定方法

桩后矩形推力的假设下，抗滑桩桩顶水平位移值存在一个最小值，即认为滑带处桩身水平位移和转角均为零。从图 6.5 中可以看出，桩顶水平位移最小值所在处刚好对应最大嵌固比。结合式（6.26）可以求解出最小值为

$$x_{\mathrm{hmin}} = x_{\mathrm{h}(y=-h_1)} = \frac{P \cdot L}{E_\mathrm{p} I_\mathrm{p} \cdot h_1}\left(\frac{h_1^4}{8}\right) = \frac{P \cdot L \cdot h_1^3}{8 \cdot E_\mathrm{p} I_\mathrm{p}} \qquad (6.32)$$

6.3.3　马家沟滑坡合理嵌固深度

由上述分析模型可知，马家沟滑坡桩顶水平位移上限为 10 cm，将 $x_{\mathrm{hmin}}=10$ 代入可以计算出马家沟滑坡合理嵌固比（$\overline{\omega}_\mathrm{r}$）为 0.435。因此，可得出相应合理的嵌固深度（$h_{2\mathrm{r}}$）为 10.8 m，即只有当抗滑桩嵌固深度达到 10.8 m 时才能满足桩顶水平位移小于 10 cm。为满足嵌固比的规范要求，需从原来的 0.364 增加到 0.435。因此，在实际工程案例中要深入考虑嵌固比对抗滑桩变形的影响。

6.4　抗滑桩合理嵌固深度参数

6.4.1　基本计算模型

综上所述，影响抗滑桩变形的主要因素有上部硬岩厚度（T_h）、上部硬岩地基系数（K_h）、下部软岩地基系数（K_m）及滑坡推力（P）。此外，嵌固深度与桩的水平位移密切相关。因此，确定抗滑桩桩的合理嵌固深度需要综合考虑这些影响因素。如前所述，在《铁路路基支挡结构设计规范》（TB 10025—2019）中，抗滑桩的建议嵌固比范围为 $1/3 \sim 1/2$。

为了对各影响因素进行分析，以 5.4.1 小节所述马家沟滑坡为原型构建理论计算模型，如图 6.6 所示。在该模型中，将上部硬岩厚度（T_h）、上部硬岩地基系数（K_h）、下部软岩地基系数（K_m）和滑坡推力（P）作为变量，桩的弯矩、剪力和水平位移可通过上述方法得出。影响因素和抗滑桩嵌固比的详细计算工况见表 6.1（Li et al.，2019b）。

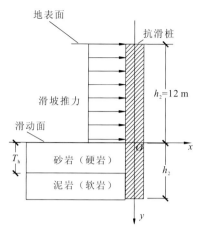

图 6.6 滑坡推力作用下抗滑桩计算模型示意图

表 6.1 影响因素与抗滑桩嵌固比计算工况

影响因素	基本参数	影响因素变量	嵌固比变量
上部硬岩厚度 （T_h）	$K_h = 3.0 \times 10^5 \, \text{kPa/m}$ $K_m = 0.8 \times 10^5 \, \text{kPa/m}$ $P = 1200 \, \text{kN/m}$	$T_h = 1 \, \text{m}$	$\overline{\omega} = 0.333 \text{、} 0.368 \text{、} 0.400 \text{、} 0.429 \text{、} 0.455$
		$T_h = 2 \, \text{m}$	$\overline{\omega} = 0.333 \text{、} 0.368 \text{、} 0.400 \text{、} 0.429 \text{、} 0.455$
		$T_h = 3 \, \text{m}$	$\overline{\omega} = 0.333 \text{、} 0.368 \text{、} 0.400 \text{、} 0.429 \text{、} 0.455$
		$T_h = 4 \, \text{m}$	$\overline{\omega} = 0.333 \text{、} 0.368 \text{、} 0.400 \text{、} 0.429 \text{、} 0.455$
		$T_h = 5 \, \text{m}$	$\overline{\omega} = 0.333 \text{、} 0.368 \text{、} 0.400 \text{、} 0.429 \text{、} 0.455$
上部硬岩地基系数 （K_h）	$T_h = 2 \, \text{m}$ $K_m = 0.8 \times 10^5 \, \text{kPa/m}$ $P = 1200 \, \text{kN/m}$	$K_h = 3.0 \times 10^5 \, \text{kPa/m}$	$\overline{\omega} = 0.333 \text{、} 0.368 \text{、} 0.400 \text{、} 0.429 \text{、} 0.455$
		$K_h = 3.2 \times 10^5 \, \text{kPa/m}$	$\overline{\omega} = 0.333 \text{、} 0.368 \text{、} 0.400 \text{、} 0.429 \text{、} 0.455$
		$K_h = 3.4 \times 10^5 \, \text{kPa/m}$	$\overline{\omega} = 0.333 \text{、} 0.368 \text{、} 0.400 \text{、} 0.429 \text{、} 0.455$
		$K_h = 3.6 \times 10^5 \, \text{kPa/m}$	$\overline{\omega} = 0.333 \text{、} 0.368 \text{、} 0.400 \text{、} 0.429 \text{、} 0.455$
		$K_h = 3.8 \times 10^5 \, \text{kPa/m}$	$\overline{\omega} = 0.333 \text{、} 0.368 \text{、} 0.400 \text{、} 0.429 \text{、} 0.455$
下部软岩地基系数 （K_m）	$T_h = 2 \, \text{m}$ $K_h = 3.0 \times 10^5 \, \text{kPa/m}$ $P = 1\,200 \, \text{kN/m}$	$K_m = 0.4 \times 10^5 \, \text{kPa/m}$	$\overline{\omega} = 0.333 \text{、} 0.368 \text{、} 0.400 \text{、} 0.429 \text{、} 0.455$
		$K_m = 0.6 \times 10^5 \, \text{kPa/m}$	$\overline{\omega} = 0.333 \text{、} 0.368 \text{、} 0.400 \text{、} 0.429 \text{、} 0.455$
		$K_m = 0.8 \times 10^5 \, \text{kPa/m}$	$\overline{\omega} = 0.333 \text{、} 0.368 \text{、} 0.400 \text{、} 0.429 \text{、} 0.455$
		$K_m = 1.0 \times 10^5 \, \text{kPa/m}$	$\overline{\omega} = 0.333 \text{、} 0.368 \text{、} 0.400 \text{、} 0.429 \text{、} 0.455$
		$K_m = 1.2 \times 10^5 \, \text{kPa/m}$	$\overline{\omega} = 0.333 \text{、} 0.368 \text{、} 0.400 \text{、} 0.429 \text{、} 0.455$
滑坡推力 （P）	$T_h = 2 \, \text{m}$ $K_h = 3.0 \times 10^5 \, \text{kPa/m}$ $K_m = 0.8 \times 10^5 \, \text{kPa/m}$	$P = 800 \, \text{kN/m}$	$\overline{\omega} = 0.333 \text{、} 0.368 \text{、} 0.400 \text{、} 0.429 \text{、} 0.455$
		$P = 1\,000 \, \text{kN/m}$	$\overline{\omega} = 0.333 \text{、} 0.368 \text{、} 0.400 \text{、} 0.429 \text{、} 0.455$
		$P = 1\,200 \, \text{kN/m}$	$\overline{\omega} = 0.333 \text{、} 0.368 \text{、} 0.400 \text{、} 0.429 \text{、} 0.455$
		$P = 1\,400 \, \text{kN/m}$	$\overline{\omega} = 0.333 \text{、} 0.368 \text{、} 0.400 \text{、} 0.429 \text{、} 0.455$
		$P = 1\,600 \, \text{kN/m}$	$\overline{\omega} = 0.333 \text{、} 0.368 \text{、} 0.400 \text{、} 0.429 \text{、} 0.455$

6.4.2　上部硬岩厚度对抗滑桩嵌固比的影响

为研究上部硬岩厚度对抗滑桩嵌固比的影响，令上部硬岩厚度分别为 $T_h = 1\,\mathrm{m}$、$2\,\mathrm{m}$、$3\,\mathrm{m}$、$4\,\mathrm{m}$、$5\,\mathrm{m}$。为了方便对比分析结果，单位宽度滑坡推力（P）为 $1\,200\,\mathrm{kN/m}$。在 $T_h = 1\,\mathrm{m}$ 的情况下，桩不同嵌固深度的弯矩、剪力和水平位移如图 6.7 所示。

从图 6.7 可以看出，随着嵌固比的增加，桩的剪力和水平位移的最大绝对值稳定下降，桩的弯矩最大值与桩的嵌固比逐渐增加。这意味着桩的嵌固比的增加可以在桩的最大弯矩几乎不变的情况下，显著降低桩的内力最大绝对值和桩的水平位移。利用确定方程和图 6.7 所示的桩的合理嵌固比的方法，可以获得桩顶水平位移与桩的嵌固比之间的关系（图 6.8）。通过图 6.8 中具有高拟合精度的数学回归拟合工具可获得常数 a 和 b 值，可在 $T_h = 1\,\mathrm{m}$ 的情况下计算合理嵌固比（$\overline{\omega}_r$）和合理的嵌固深度（h_{2r}）。

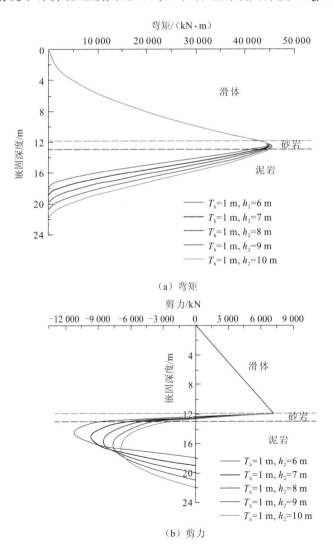

（a）弯矩

（b）剪力

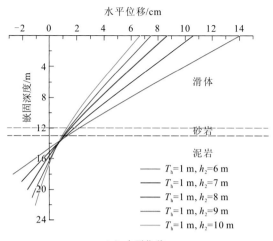

（c）水平位移

图 6.7　不同嵌固深度下抗滑桩内力和水平位移分布情况（T_h = 1 m）

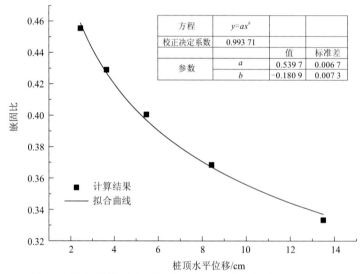

图 6.8　抗滑桩桩顶水平位移与嵌固比关系曲线（T_h = 1 m）

　　类似地，可以得到桩顶水平位移与不同上部硬岩厚度的桩的嵌固比的拟合关系，即 T_h = 2 m，T_h = 3 m，T_h = 4 m，T_h = 5 m。不同情况的负幂函数拟合结果如表 6.2 所示。

表 6.2　不同上部硬岩厚度情况下桩顶水平位移与嵌固比拟合结果

工况	方程	校正决定系数	a	b
T_h = 1 m	$y = ax^b$	0.993 71	0.539 70	−0.180 90
T_h = 2 m	$y = ax^b$	0.990 05	0.923 16	−0.400 26
T_h = 3 m	$y = ax^b$	0.992 17	0.905 81	−0.393 54
T_h = 4 m	$y = ax^b$	0.997 38	0.977 85	−0.434 26
T_h = 5 m	$y = ax^b$	0.998 50	1.210 08	−0.552 74

因此，可得桩的合理嵌固深度与上部硬岩厚度之间的相关性（图 6.9）。使用非线性曲线拟合，可以得到上部硬岩厚度（T_h）和合理嵌固深度（h_{2r}）的对应关系式：

$$h_{2r} = -0.04 \cdot T_h^2 - 0.024 \cdot T_h + 7.344 \tag{6.33}$$

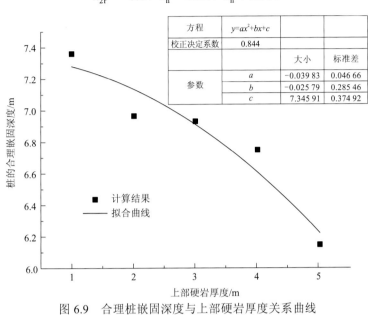

方程	$y=ax^2+bx+c$		
校正决定系数	0.844		
		大小	标准差
参数	a	−0.039 83	0.046 66
	b	−0.025 79	0.285 46
	c	7.345 91	0.374 92

图 6.9 合理桩嵌固深度与上部硬岩厚度关系曲线

6.4.3 上部硬岩地基系数对抗滑桩嵌固比的影响

在 $T_h = 2\,m$ 的前提下，为了研究上部硬岩地基系数对桩的嵌固比的影响，取上部硬岩地基系数为 $3.0 \times 10^5 \sim 3.8 \times 10^5\,kPa/m$，即 $K_h = 3.0 \times 10^5\,kPa/m$、$3.2 \times 10^5\,kPa/m$、$3.4 \times 10^5\,kPa/m$、$3.6 \times 10^5\,kPa/m$、$3.8 \times 10^5\,kPa/m$。为了方便对结果进行对比分析，单位宽度滑坡推力（$P$）为 $1\,200\,kN/m$。在 $K_h = 3.0 \times 10^5\,kPa/m$ 的情况下，不同嵌固深度下桩的弯矩、剪力和水平位移的变化特征如图 6.10 所示，可以看出当上部硬岩厚度与上部硬岩地基系数相同时，桩的最大剪力绝对值和桩的水平位移随嵌固比的增加稳定下降，而桩的弯矩的最大值随嵌固比的增加没有明显的变化。如图 6.11，在 K_h 不变的情况下，桩顶水平位移随着嵌固比的增加而减小。

同理，可以得到桩的合理嵌固深度与上部硬岩地基系数的相关性，如图 6.12 所示。使用非线性曲线拟合，可以得到上部硬岩地基系数（K_h）和合理嵌固深度（h_{2r}）的对应关系式：

$$h_{2r} = 157.62 \cdot K_h^{-0.247\,3} \tag{6.34}$$

从图 6.12 中可以看出，负幂函数公式可以很好地拟合合理嵌固深度和上部硬岩地基系数之间的关系，随着上部硬岩地基系数的增加，抗滑桩的合理嵌固深度呈现非线性减小趋势。因此，上部硬岩地基系数越大，越有利于降低桩的合理嵌固比。

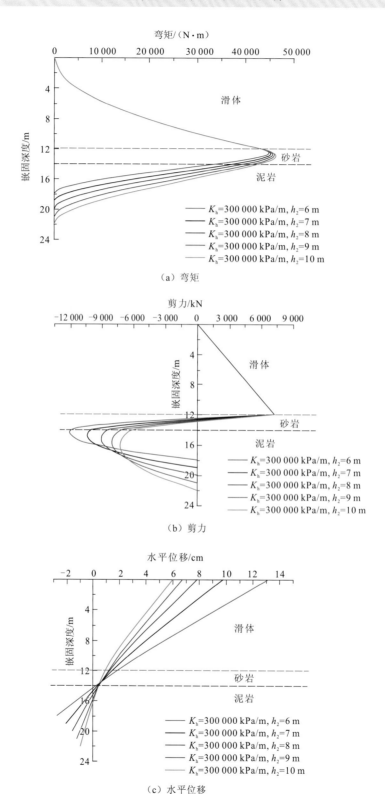

（a）弯矩

（b）剪力

（c）水平位移

图 6.10 不同嵌固深度下抗滑桩内力和水平位移分布情况（$K_h = 300\,000\,\text{kPa/m}$）

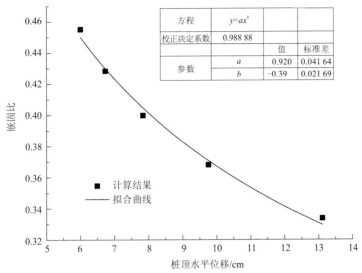

图 6.11　抗滑桩桩顶水平位移与嵌固比关系曲线图（$K_h = 300\,000\,\text{kPa/m}$）

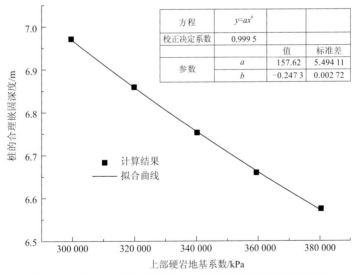

图 6.12　桩的合理嵌固深度与上部硬岩地基系数关系曲线

6.4.4　下部软岩地基系数对抗滑桩嵌固比的影响

为了研究下部软岩地基系数对桩的嵌固比的影响，当 $T_h = 2\,\text{m}$ 时，将下部软岩地基系数从 $0.4 \times 10^5\,\text{kPa/m}$ 变化到 $1.2 \times 10^5\,\text{kPa/m}$，即 $K_m = 0.4 \times 10^5\,\text{kPa/m}$、$0.6 \times 10^5\,\text{kPa/m}$、$0.8 \times 10^5\,\text{kPa/m}$、$1.0 \times 10^5\,\text{kPa/m}$、$1.2 \times 10^5\,\text{kPa/m}$。为了方便对结果进行对比分析，单位宽度滑坡推力（$P$）为 $1\,200\,\text{kN/m}$。图 6.13 为在 $K_m = 0.4 \times 10^5\,\text{kPa/m}$ 的情况下，不同嵌固深度下桩的弯矩、剪力和水平位移。值得注意的是，桩的最大剪力绝对值和桩的水平位移随桩的嵌固比的增加而稳定下降。桩的嵌固比的增加对于桩的最大弯矩没有显著影响。

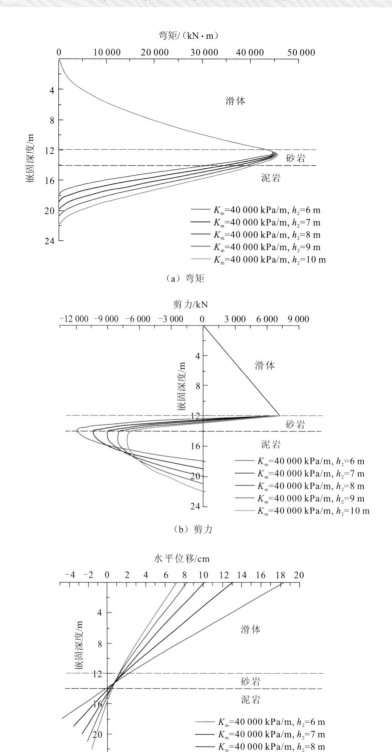

（a）弯矩

（b）剪力

（c）水平位移

图 6.13　不同嵌固深度下抗滑桩内力和水平位移分布情况（$K_m = 40\,000\,\text{kPa/m}$）

通过上述方法可获得在 $K_m=0.4\times10^5\,\mathrm{kPa/m}$ 的情况下桩顶水平位移与桩的嵌固比之间的关系，如图 6.14 所示。其他下部软岩地基系数的计算工况如表 6.1 所示。可得到从 $K_m=0.4\times10^5\,\mathrm{kPa/m}$ 到 $K_m=1.2\times10^5\,\mathrm{kPa/m}$ 桩的合理嵌固比（$\overline{\omega}_r$）和合理嵌固深度（h_{2r}）。

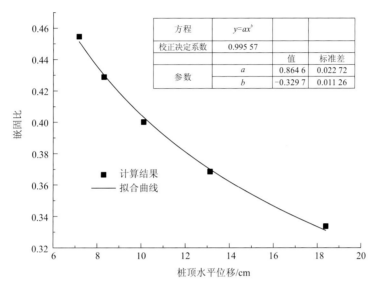

图 6.14　桩顶水平位移与桩的嵌固比的关系曲线（$K_m=40\,000\,\mathrm{kPa/m}$）

桩的合理嵌固深度与下部软岩地基系数的关系如图 6.15 所示。使用非线性曲线拟合，可以得到下部软岩地基系数（K_m）和合理嵌固深度（h_{2r}）的对应关系式：

$$h_{2r}=33.749\cdot K_m^{-0.1140} \tag{6.35}$$

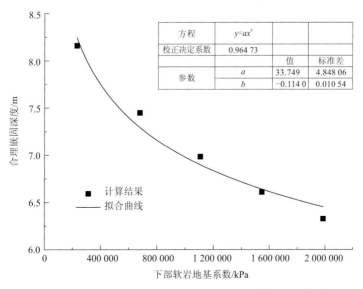

图 6.15　桩合理嵌固深度与下部软岩地基系数的关系曲线

　　根据研究,负幂函数公式可较好地拟合合理嵌固深度和下部软岩地基系数之间的关系,而且随着下部软岩地基系数的增加,合理嵌固深度呈现出非线性减小的趋势,如图 6.15 所示。因此,下部软岩地基系数越大,越有利于降低桩的合理嵌固比。

6.4.5　滑坡推力对抗滑桩嵌固比的影响

　　为了研究滑坡推力对桩的嵌固比的影响,在 $T_h = 2\,\mathrm{m}$ 的前提下,将单位宽度滑坡推力从 $800\,\mathrm{kN/m}$ 变化到 $1\,600\,\mathrm{kN/m}$,即 $P = 800\,\mathrm{kN/m}$、$1000\,\mathrm{kN/m}$、$1\,200\,\mathrm{kN/m}$、$1\,400\,\mathrm{kN/m}$、$1\,600\,\mathrm{kN/m}$。当 $P = 800\,\mathrm{kN/m}$ 时,不同嵌固深度下桩的弯矩、剪力和水平位移变化趋势如图 6.16 所示。可以得出桩的最大剪力绝对值和桩身的水平位移随着嵌固比的增加稳定下降,与桩的剪力和水平位移相反,桩的弯矩最大值随嵌固比的增加没有显著变化。

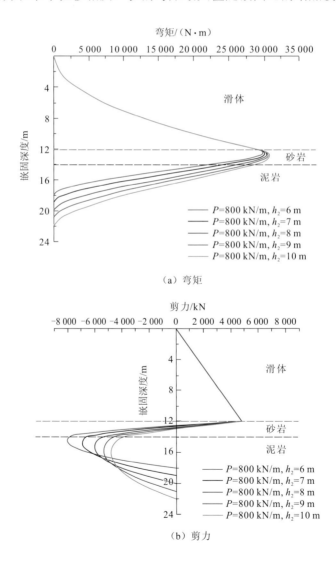

（a）弯矩

（b）剪力

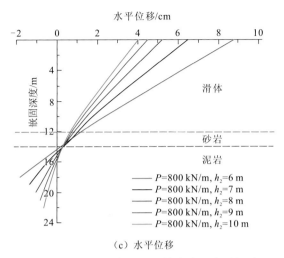

（c）水平位移

图 6.16　不同嵌固深度下抗滑桩内力和水平位移

分布情况（$P=800\,\text{kN/m}$）

通过上述方法可获得 $P=800\,\text{kN/m}$ 时桩顶水平位移与桩的嵌固比之间的关系（图 6.17）。与上述其他参数相比，桩的合理嵌固深度（$h_{2\text{r}}$）与单位宽度滑坡推力（P）之间的关系可通过以下函数进行拟合（图 6.18）：

$$h_{2\text{r}}=0.003\,7\cdot P+2.516\,22 \tag{6.36}$$

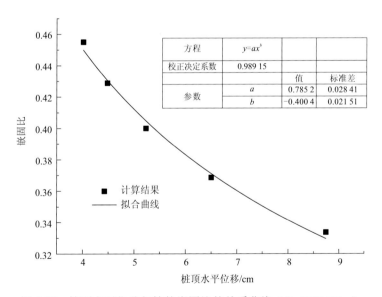

图 6.17　桩顶水平位移与桩的嵌固比的关系曲线（$P=800\,\text{kN/m}$）

显然，当滑坡推力较大时，需要更大的嵌固比。

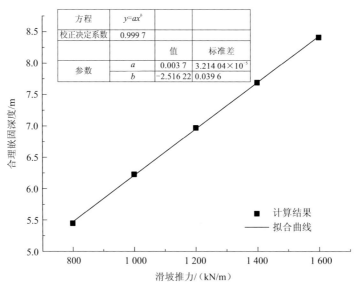

图 6.18　桩合理嵌固深度与滑坡推力关系曲线

6.4.6　上部硬岩厚度对抗滑桩内力的影响

以上对具有上硬下软滑床特征的堆积型滑坡进行了讨论，采用变形控制准则对合理嵌固比进行了分析。实际上，除控制滑坡的变形要求外，还应考虑桩的内力，包括弯矩和剪力，因为它们对确定钢筋也具有一定的参考价值。上部硬岩厚度不同时，桩的弯矩和剪力与桩的嵌固深度的关系分别如图 6.19 和图 6.20 所示。

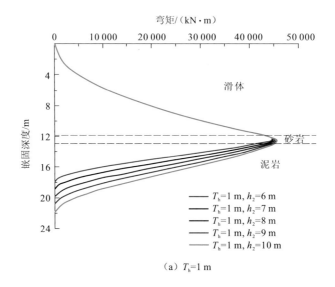

（a）T_h=1 m

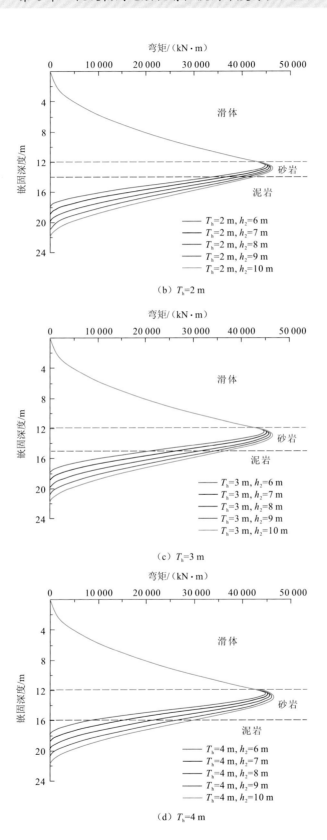

（b）T_h=2 m

（c）T_h=3 m

（d）T_h=4 m

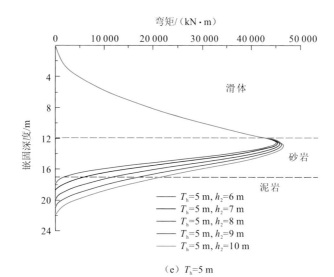

（e）T_h=5 m

图 6.19　不同上部硬岩厚度情况下抗滑桩桩身弯矩随嵌固深度的变化关系

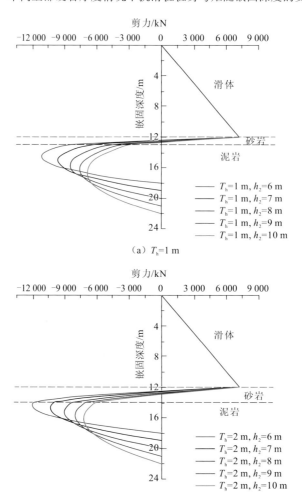

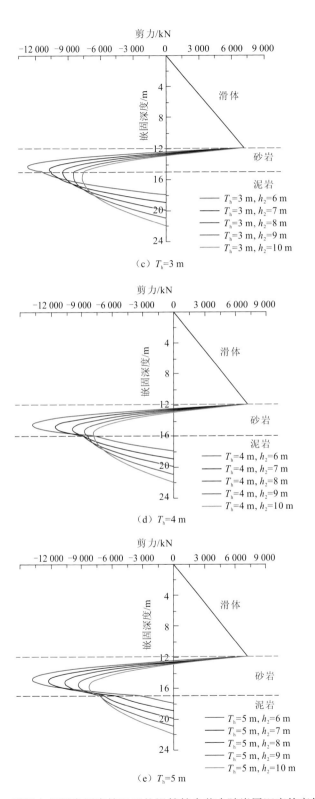

图 6.20 不同上部硬岩厚度情况下抗滑桩桩身剪力随嵌固深度的变化关系

图 6.19 表明，上部硬岩厚度对桩的最大弯矩几乎没有影响，但桩的最大弯矩随桩的嵌固比的增加而略有增加，增加幅度较小且有限。从图 6.20 可以看出，随着上部硬岩厚度的增加，桩的最大剪力的绝对值稳定增加，但桩的最大剪力的绝对值随着桩的嵌固比的增加迅速减小，且当 $h_2 = 10\,\text{m}$ 时，桩的最大剪力的绝对值大约只是在 $h_2 = 6\,\text{m}$ 的情况下的一半。

总体而言，上述分析进一步证实了桩的嵌固比的增加可降低桩的最大剪力的绝对值，随着桩的嵌固深度的增加，桩的最大弯矩没有显著增加。

6.5　软硬相间地层中桩位优化

在抗滑桩的设计计算过程中，首先要确定的是抗滑桩的设计推力，在实际工程中，常采用剩余推力法来确定抗滑桩的设计推力。传统的剩余推力法是根据滑坡剖面图将其条分成若干条块，再逐一进行受力分析，计算其剩余下滑力，依次来确定剩余推力曲线。此种方法较为烦琐，人为划分条块的数目对计算精度有较大影响。本章拟采用双圆弧拟合法对滑坡形态进行拟合量化，从而进行剩余推力公式的推导，计算得出相应的剩余推力。通过 MATLAB 编程计算可得其剩余推力曲线，并基于此，对具有一定倾角的反倾软硬相间地层中抗滑桩桩位的选择进行分析讨论（Li et al.，2017）。

6.5.1　理论计算模型

在进行抗滑桩的设计计算时，首先要确定作用在桩后的设计推力。剩余推力法，又名传递系数法，是国内普遍应用的抗滑桩设计推力确定方法（徐邦栋，2001）。

在使用剩余推力法时，首先要确定一个或几个顺滑坡主轴方向的地质剖面图，来确定滑坡的基本形态。在剖面图的基础上将滑体进行条分，如图 6.21 所示，$abcd$ 为滑体的第 n 块，自重为 W_n，可分解为垂直于该条块滑动面的力 N_n 和平行于该条块滑动面的力 T_n，该条块滑动面倾角为 α_n，E_{n-1} 为上一条块传下来的下滑力，方向平行于上一段滑动面，倾角为 α_{n-1}，E_n 则为作用在下一条块上的不平衡下滑力，其平行于本条块滑动面 cd。根据式（6.37）计算每个条块的剩余下滑力，可绘制出剩余下滑力曲线。当 $E_n = 0$ 时，对应的 F_s 为边坡的安全系数，此时可绘出剩余推力曲线 oa，一般滑坡需要一定的安全储备，选定符合规范要求的安全系数 F_s，代入式（6.37）计算出相应的剩余推力曲线 ob。抗滑桩的设计推力为设桩处两剩余推力曲线的差值，如图 6.22 所示。

$$E_n = E_{n-1} \cdot \psi_n + T_n - \frac{N_n \cdot \tan\varphi_n - c_n l_n}{F_s} \tag{6.37}$$

$$\psi_n = \cos(\alpha_{n-1} - \alpha_n) - \sin(\alpha_{n-1} - \alpha_n) \cdot \frac{\tan\varphi_n}{F_s} \tag{6.38}$$

式中：ψ_n 为传递系数；φ_n 为 cd 面上的摩擦角，（°）；c_n 为 cd 面上的黏聚力，kPa；F_s 为安全系数；l_n 为条块的底面长度。

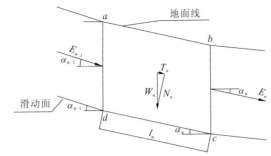

图 6.21 剩余推力计算示意图

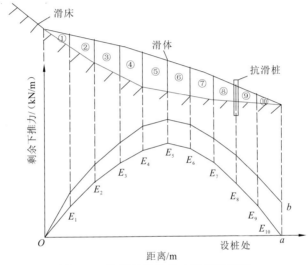

图 6.22 抗滑桩设计推力取值示意图

6.5.2 基于简化双圆弧模型抗滑桩设计推力的确定

传统的剩余推力法是将滑坡体条分成若干条块，分别计算各条块的剩余推力来绘制剩余推力曲线，条块的划分个数具有一定的随意性，分别计算各条块对应的滑动面的倾角，比较烦琐。若采用双圆弧函数对滑面进行拟合，对滑坡形态进行量化，在几何模型的基础上计算边坡剩余下滑力，将简化整个计算过程。

双圆弧拟合，顾名思义是拟合曲线由两条相切的圆弧构成，在待拟合曲线上选定节点，两圆弧在节点处相切，且公切线的斜率与待拟合曲线在节点处切线的斜率相等（虞铭财 等，2004）。如图 6.23 所示，设节点 A、B 是第 $i+1$ 个区间 $[P_i, P_{i+1}]$ 上的相邻节点，经坐标变换后 AB 为横轴，A 为原点，纵轴垂直于 AB。有向直线 g_A 和 g_B 为拟合曲线在 A、B 上的有向切线。设 C 是直线 g_A 和 g_B 的交点，α_s、β_s 分别是 g_A 和 g_B 与横轴的夹角，逆时针为正，α_s、β_s 的取值范围为 $(-\pi, \pi)$，T 为 $\triangle ABC$ 的内心。

如果 C 在横轴的上方，且 g_A 和 g_B 的方向分别与有向直线 AC 和 CB 的方向相同，那么，彼此相切且分别以 g_A 和 g_B 为切线的双圆弧的公切点轨迹是过三点 A、T、B，且在

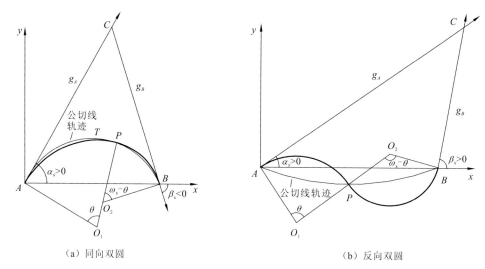

（a）同向双圆　　　　　　　　　　　（b）反向双圆

图 6.23　双圆弧曲线拟合示意图

$\triangle ABC$ 内部的圆弧，如图 6.23（a）所示。如果 g_B 的方向与 CB 相反，则双圆弧的公切点轨迹是过 A 点和 B 点且弧度为 $\pi - \angle ACB/2$ 的在 AB 下方的圆弧，如图 6.23（b）所示。

当 $\alpha_s\beta_s < 0$（保凸）时，双圆弧同向，为"C"形双圆弧。当 $\alpha_s\beta_s > 0$ 时，双圆弧反向，为"S"形双圆弧。设 $\omega_s = \beta_s - \alpha_s$，$\theta$ 为左圆弧的圆心角，$\omega_s - \theta$ 是右圆弧的圆心角，逆时针方向为正，正圆对应正圆心角，负圆对应负圆心角，$-\pi < \theta < \pi$，L_s 为 AB 的长度，则相应的圆心和半径可由下式计算：

$$R_1 = L_s \cdot \sin\left(\frac{\omega_s + \theta}{2} + \alpha_s\right) \bigg/ \left(2 \cdot \sin\frac{\omega_s}{2}\sin\frac{\theta}{2}\right) \tag{6.39}$$

$$x_L = -R_1 \cdot \sin\alpha_s, \qquad y_L = R_1 \cdot \cos\alpha_s \tag{6.40}$$

$$R_2 = -L_s \cdot \sin\left(\frac{\theta}{2} + \alpha_s\right) \bigg/ \left(2 \cdot \sin\frac{\omega_s}{2}\sin\frac{\omega_s - \theta}{2}\right) \tag{6.41}$$

$$x_R = -R_1 \cdot \sin\alpha_s, \qquad y_R = R_2 \cdot \cos\beta_s \tag{6.42}$$

$$x_P = L_s \cdot \sin\left(\frac{\omega_s + \theta}{2} + \alpha_s\right) \cdot \cos\left(\frac{\theta}{2} + \alpha_s\right) \bigg/ \sin\frac{\omega_s}{2} \tag{6.43}$$

$$y_P = L_s \cdot \sin\left(\frac{\omega_s + \theta}{2} + \alpha_s\right) \cdot \sin\left(\frac{\theta}{2} + \alpha_s\right) \bigg/ \sin\frac{\omega_s}{2} \tag{6.44}$$

式中：R_1 为左圆半径，m；x_L、y_L 为左圆圆心横、纵坐标，m；R_2 为右圆半径，m；x_R、y_R 为右圆圆心横、纵坐标，m；x_P、y_P 为公切点 P 的横、纵坐标，m。

6.5.3　基于双圆弧拟合的剩余推力法的推导

滑体形态由坡面曲线与滑动面曲线共同构成，分别采用数学函数模型对其进行拟合，将滑坡形态概化为数学函数模型，进而对剩余推力函数进行推导计算。

对于坡面的形态,在实际工程中大致可以分为直线型、凹型和凸型三种,如图 6.24 所示。对于直线型坡面,采用线性函数进行拟合,对于凹型坡面和凸型坡面可采用单圆弧函数进行拟合。如图 6.25 所示,将其放入直角坐标系中,设滑坡前、后缘分别对应点 P_2(x_2, y_2)、P_1(x_1, y_1),其相应的函数表达式分别为

$$f_1(x) = k_1 x + b_1 \tag{6.45}$$

$$f_2(x) = B_0 \pm \sqrt{R_0^2 - (x - A_0)^2} \quad (0 \leqslant x \leqslant x_2) \tag{6.46}$$

式中:$f_1(x)$ 为直线型坡面函数表达式;k_1 为 $f_1(x)$ 的斜率;b_1 为 $f_1(x)$ 在 y 轴上的截距,m;$f_2(x)$ 为凸型坡面或凹型坡面函数表达式,凸型取"+",凹型取"-";A_0 为凸型或凹型圆弧圆心横坐标,m;B_0 为凸型或凹型圆弧圆心纵坐标,m;R_0 为凸型或凹型圆弧半径,m。

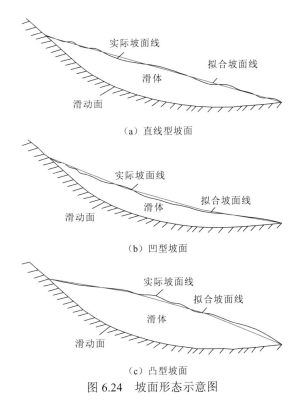

（a）直线型坡面

（b）凹型坡面

（c）凸型坡面

图 6.24　坡面形态示意图

采用双圆弧函数对滑动面曲线进行拟合,假设滑坡前缘剪出口与地面线即 x 轴相切于 P_2 点,滑坡前、后缘对应的 P_2、P_1 点的坐标已知,如图 6.25 所示。

根据滑动面实际形态选择公切点 $P_h(x_h, y_h)$。过 P_2 点作垂直于 x 轴的垂线,连接 P_2、P_h,作线段 P_2P_h 的垂直平分线交 O_2P_2 于 $O_2(A_2, B_2)$ 点。连接 P_h、O_2,P_1、P_h,作线段 P_1P_h 的垂直平分线,交 O_2P_h 于 $O_1(A_1, B_1)$ 点。以 O_1 为圆心,O_1P_h 为半径作圆弧 P_1P_h,即第一段圆弧 $g_1(x)$;以 O_2 点为圆心,O_2P_h 为半径作圆弧 P_2P_h,即第二段圆弧 $g_2(x)$。其圆弧坐标表达式可表示为

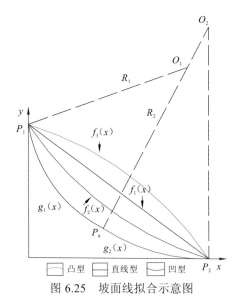

图 6.25　坡面线拟合示意图

$$g_1(x) = B_1 + \sqrt{R_1^2 - (x - A_1)^2} \quad (0 \leqslant x \leqslant x_h) \tag{6.47}$$

$$g_2(x) = B_2 + \sqrt{R_2^2 - (x - A_2)^2} \quad (x_h \leqslant x \leqslant x_2) \tag{6.48}$$

$$A_1 = \frac{k_2 \cdot x_h + y_1 - y_h}{2(k_1 - k_2)} \tag{6.49}$$

$$B_1 = \frac{k_1 \cdot k_2 \cdot x_h + k_1 \cdot y_1 + k_1 \cdot y_h - 2k_2 \cdot y_h}{2(k_1 - k_2)} \tag{6.50}$$

$$A_2 = x_2 \tag{6.51}$$

$$B_2 = \frac{(x_2 - x_h)^2 + y_h^2}{2y_h} \tag{6.52}$$

其中，

$$k_1 = \frac{(x_2 - x_h)^2 - y_h^2}{2(x_2 - x_h) \cdot y_h} \tag{6.53}$$

$$k_2 = \frac{x_h}{y_1 - y_h} \tag{6.54}$$

　　根据剩余推力法，将滑坡模型条分为 n 块，取第 i 块进行受力分析，如图 6.26 所示，其横坐标为 x_i，宽度为 Δx_i，作用在条块 i 上的下滑力和抗滑力可表示为

$$T_{xi} = W_i \cdot \sin \alpha_i \tag{6.55}$$

$$T_{ki} = W_i \cdot \cos \alpha_i \cdot \tan \varphi_s + \frac{c_s \cdot \Delta x_i}{\cos \alpha_i} \tag{6.56}$$

式中：T_{xi} 为作用在条块 i 上的下滑力，kN；T_{ki} 为作用在条块 i 上的抗滑力，kN；φ_s 为滑动面处的摩擦角，（°）；c_s 为滑动面处的黏聚力，kPa；W_i 为条块 i 的自身重力，kN；α_i 为条块 i 处滑动面与水平面的夹角，（°）。

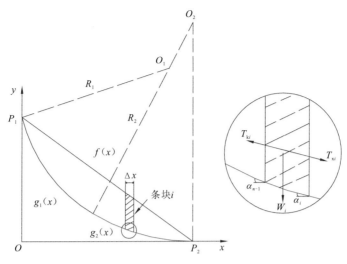

图 6.26　基于双圆弧拟合模型剩余推力法

剩余下滑力公式为

$$E_i = E_{i-1} \cdot \psi_i + T_{xi} - T_{ki} / F_s \qquad (6.57)$$

令 $T_i = T_{xi} - T_{ki} / F_s$，则式（6.57）又可写为

$$E_i = E_{i-1} \cdot \psi_i + T_i \qquad (6.58)$$

$$\psi_i = \cos(\alpha_{i-1} - \alpha_i) - \sin(\alpha_{i-1} - \alpha_i) \times \frac{\tan \varphi_s}{F_s} \qquad (6.59)$$

式中：E_i 为条块 i 的剩余推力，kN；E_{i-1} 为条块 i-1 的剩余推力，kN；ψ_i 为传递系数；F_s 为安全系数。

当 Δx_i 无限趋近于零时，ψ_i 无线趋近于 1，因此，此处假设 ψ_i 为 1，剩余推力 E_i 可表示为

$$E_i = T_i + E_{i-1} \qquad (6.60)$$

得递推公式：

$$\begin{cases} E_1 = T_1 \\ E_2 = T_2 + E_1 = T_2 + T_1 \\ E_3 = T_3 + E_2 = T_3 + T_2 + T_1 \\ \cdots\cdots \\ E_n = T_n + E_{n-1} = \sum_{i=1}^{n} T_i \end{cases} \qquad (6.61)$$

条块 i 自身的重力可表示为

$$W_i = [f(x_i) - g(x_i)] \cdot \gamma \cdot \Delta x_i \qquad (6.62)$$

$$\sin \alpha_i = \frac{-g'(x_i)}{\sqrt{1 + g'(x_i)^2}} \qquad (6.63)$$

$$\cos \alpha_i = \frac{1}{\sqrt{1 + g'(x_i)^2}} \tag{6.64}$$

式中：$f(x_i)$ 为滑坡坡面曲线拟合函数 x_i 点的函数值；$g(x_i)$ 为滑动面曲线拟合函数 x_i 点的函数值；γ 为滑体土体的重度。

整理得 T_i 和 E_n 的表达式为

$$T_i = \left\{ [f(x_i) - g(x_i)] \cdot \gamma \cdot \left[\frac{-g'(x_i)}{\sqrt{1 + g'(x_i)^2}} - \frac{1}{\sqrt{x + g'(x_i)^2}} \cdot \frac{\tan \varphi_s}{F_s} \right] - \frac{c_s}{\cos \alpha_i} \right\} \cdot \Delta x_i \tag{6.65}$$

$$E_n = \sum_{i=1}^n T_i = \sum_{i=1}^n \left\{ [f(x_i) - g(x_i)] \cdot \gamma \cdot \left[\frac{-g'(x_i)}{\sqrt{1 + g'(x_i)^2}} - \frac{1}{\sqrt{x + g'(x_i)^2}} \cdot \frac{\tan \varphi_s}{F_s} \right] - \frac{c_s}{\cos \alpha_i} \right\} \cdot \Delta x_i \tag{6.66}$$

将式（6.66）改写，得到积分形式的剩余推力函数表达式为

$$E(x) = \int_0^x \gamma \cdot [f(x) - g(x)] \cdot \left[-g'(x) - \frac{\tan \varphi_s}{F_s} \right] \cdot \frac{1}{\sqrt{1 + g'(x)^2}} - \frac{c_s \cdot \sqrt{1 + g'(x)^2}}{F_s} dx \tag{6.67}$$

由于滑面曲线采用双圆弧拟合，在公切点 P_h 处将函数分为两段，其表达式为

$$E(x) = \begin{cases} \int_0^x \gamma \cdot [f(x) - g_2(x)] \cdot \left[-g_1'(x) - \dfrac{\tan \varphi_s}{F_s} \right] \cdot \dfrac{1}{\sqrt{1 + g_1'(x)^2}} - \dfrac{c_s \cdot \sqrt{1 + g_1'(x)^2}}{F_s} dx & (0 < x \leqslant x_h) \\[4mm] \int_{x_h}^x \gamma \cdot [f(x) - g_2(x)] \cdot \left[-g_2'(x) - \dfrac{\tan \varphi_s}{F_s} \right] \cdot \dfrac{1}{\sqrt{1 + g_2'(x)^2}} - \dfrac{c_s \cdot \sqrt{1 + g_2'(x)^2}}{F_s} dx + E(x_h) & (x_h < x \leqslant x_2) \end{cases}$$

$$\tag{6.68}$$

$$g_1(x) = B_1 - \sqrt{R_1^2 - (x - A_1)^2} \quad (0 \leqslant x \leqslant x_h) \tag{6.69}$$

$$g_2(x) = B_2 - \sqrt{R_2^2 - (x - A_2)^2} \quad (x_h < x \leqslant x_2) \tag{6.70}$$

$$g_i'(x) = -\frac{|x - A_i|}{\sqrt{R_i^2 - (x - A_i)^2}} = \frac{x - A_i}{\sqrt{R_i^2 - (x - A_i)^2}} \quad (x \leqslant A_i) \tag{6.71}$$

式中：$g_1(x)$ 为滑动面拟合函数第一段圆弧表达式；$g_2(x)$ 为滑动面拟合函数第二段圆弧表达式；$g_i'(x)$ 为滑动面拟合函数求导表达式，i 取 1，2。

代入参数，可得剩余推力函数表达式为

$$E(x) = \begin{cases} \int_0^x \gamma \cdot [f(x) + U_1 - B_1] \cdot \left(\dfrac{A_1 - x}{R_1} - k_3 \cdot \dfrac{U_1}{R_1} \right) - k_4 \cdot \dfrac{R_1}{U_1} dx & (0 < x \leqslant x_h) \\[4mm] \int_{x_h}^x \gamma \cdot [f(x) + U_2 - B_2] \cdot \left(\dfrac{A_2 - x}{R_2} - k_3 \cdot \dfrac{U_2}{R_2} \right) - k_4 \cdot \dfrac{R_2}{U_2} dx + E(x_h) & (x_h < x \leqslant x_2) \end{cases} \tag{6.72}$$

其中，

$$U_i = \sqrt{R_i^2 - (x - A_i)^2} \quad (i = 1, 2) \tag{6.73}$$

$$k_3 = \frac{\tan \varphi_s \cdot c_s}{F_s} \tag{6.74}$$

$$k_4 = \frac{c_s}{F_s} \tag{6.75}$$

根据坡面曲线形态分别选择直线型、凹型、凸型对坡面曲线进行拟合，代入即可计算出相应的剩余推力曲线。

假设某滑坡边界点为 P_1（0.0，45.8），P_2（162.8，0.0），在滑动面上选定公切点为 P_h（69.7，5.7）。P_m（79.5，21.9）为凹型坡面曲线上某点，P_n（83.3，33.0）为凸型坡面曲线上某点。滑体的重度为 $20\,kN/m^3$，滑面处的黏聚力为 $25\,kPa$，内摩擦角为 21°。根据以上参数，采用双圆弧函数对滑动面曲线进行拟合，分别采用直线型、凹型和凸型对坡面曲线进行拟合。代入以上剩余推力计算公式，采用 MATLAB 进行计算，得出剩余推力曲线，如图 6.27 所示。

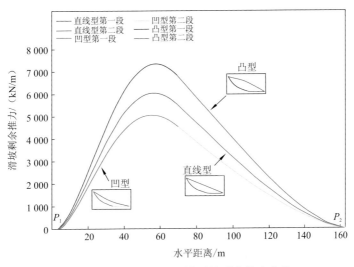

图 6.27　三种滑坡拟合模型的剩余推力曲线

6.5.4　工程实例

在软硬相间地层中，边坡倾角的切割，会导致不同位置软硬岩组合比例不同，抗滑桩的受力变形不同。为了讨论软硬相间地层中，倾角存在时合理桩位的选择问题，以盐关滑坡为例，采用双圆弧拟合法确定剩余推力，对合理桩位选择问题进行探讨。

盐关滑坡位于湖北宜昌秭归，是一个典型的具有软硬相间地层特点的滑坡。滑坡后缘宽 120 m，前缘宽 171 m，总长 476 m，滑体平均厚度为 18 m，总体积为 $125×10^4\,m^3$，平面图和剖面图如图 6.28 和图 6.29 所示。滑床岩层主要为下侏罗统桐竹园组（J_1t）泥岩夹泥质粉砂岩和中侏罗统聂家山组（J_2n）紫红色泥质粉砂岩夹中厚层状灰黄色石英粉细砂岩，岩层倾角为 45°，倾向为 265°，属于典型的软硬相间地层，如图 6.28 所示。抗滑桩总长 36 m，其中悬臂段长 23.5 m，锚固段长 12.5 m。其岩土体的物理力学参数如表 6.3 所示。

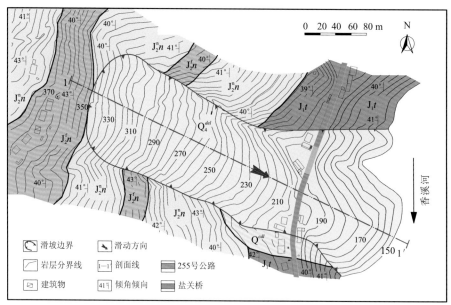

图 6.28 盐关滑坡平面图

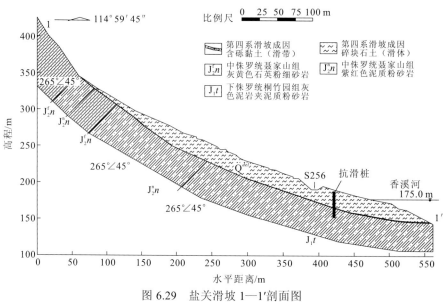

图 6.29 盐关滑坡 1—1′剖面图

表 6.3 盐关滑坡岩土体物理力学参数表

滑体		滑带				滑床	
天然重度 /（kN/m³）	饱和重度 /（kN/m³）	天然抗剪强度		饱和抗剪强度		地基系数/（kPa/m）	
		c/kPa	φ/（°）	c/kPa	φ/（°）	软岩	硬岩
20.6	23.1	25	21	20	18	50 000	150 000

　　根据滑坡坡面形态，判断可采用凹型对滑坡形态进行拟合。为方便拟合，以滑坡后缘所在位置为 y 坐标轴，以滑坡前缘所在位置为 x 坐标轴，其交点为原点。175 m 水位线分别与滑坡坡面线和滑面线交于 s_1、s_2 点，作线段 s_1s_2 的垂直平分线分别交坡面线与滑面线于 P_m、P_h 点，设滑坡后缘为 P_1 点，滑坡前缘为 P_2 点，对 P_1、P_m、P_2 三点进行单圆弧拟合，将 P_h 点作为公切点进行双圆弧拟合，如图 6.30 所示。

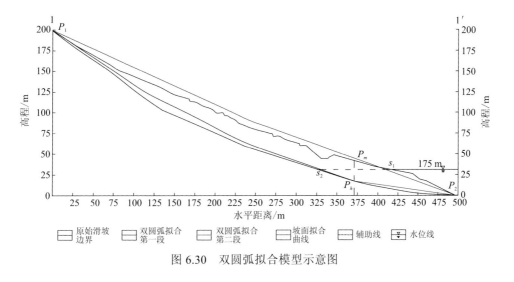

图 6.30　双圆弧拟合模型示意图

　　假设岩层厚度均为 3 m，且呈软硬相间分布，选取 175 m 高水位加暴雨为计算工况，设计安全系数为 1.10。分别选取 A、B、C、D 四种类型的桩位，如图 6.31 所示，采用双圆弧拟合法，计算得到剩余推力曲线，如图 6.32 所示。取极限平衡状态与设计要求安全状态的剩余推力的差值为设计推力，其下部岩层组合及设计推力如表 6.4 所示。

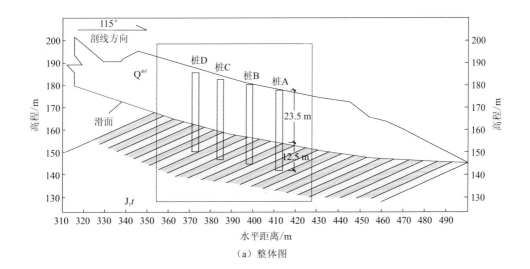

（a）整体图

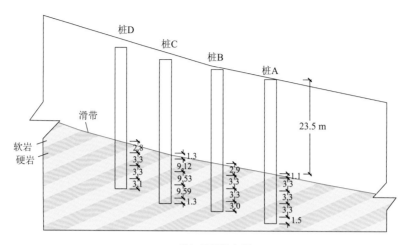

（b）局部放大图

图 6.31　抗滑桩桩位布置图

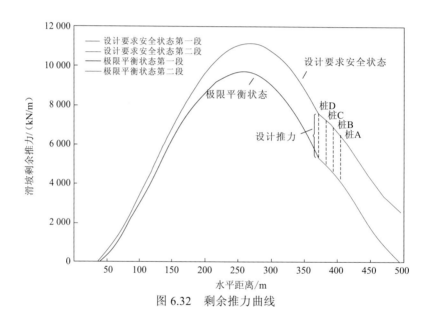

图 6.32　剩余推力曲线

表 6.4　不同桩位设计计算参数

桩位	与后缘水平距离/m	桩顶高度/m	岩性组合	设计推力/（kN/m）
桩 A	409.5	177.7	泥岩	2 393.9
			石英砂岩	
			泥岩	
			石英砂岩	
			泥岩	

续表

桩位	与后缘水平距离/m	桩顶高度/m	岩性组合	设计推力/（kN/m）
桩 B	395.9	180.2	泥岩	2 350.4
			石英砂岩	
			泥岩	
			石英砂岩	
桩 C	382.6	159.2	石英砂岩	2 305.4
			泥岩	
			石英砂岩	
			泥岩	
			石英砂岩	
桩 D	371	162.2	石英砂岩	2 264.5
			泥岩	
			石英砂岩	
			泥岩	

采用多层"K"法对抗滑桩的受力变形进行计算，将底部软岩层视为自由端，底部硬岩层视为铰支端，计算所得水平位移、弯矩、剪力如图 6.33 所示。从图 6.33 中可以看出，桩 C 和桩 D 的弯矩与剪力最小，水平位移则是桩 C 最小，因此桩 C 所代表的岩层组合即顶层和底层均为硬岩的位置是最佳桩位，其次是顶部为硬岩层的位置，即桩 D 所在的位置；反之，桩 A、桩 B 所代表的顶部为软岩层的桩位在选择中应尽量避免，尤其是桩 A 所代表的顶部与底部均为软岩层的状况。

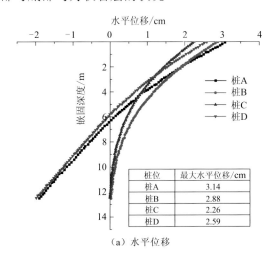

桩位	最大水平位移/cm
桩A	3.14
桩B	2.88
桩C	2.26
桩D	2.59

（a）水平位移

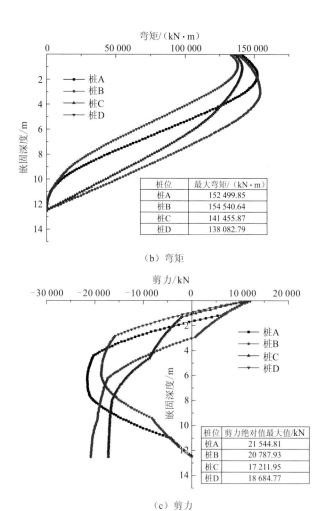

（b）弯矩

（c）剪力

图 6.33　抗滑桩受力和水平位移图

第 7 章

复杂滑坡推力条件下
抗滑桩群平面布设优化

7.1 基 本 理 论

7.1.1 改进的非规则滑坡推力计算模型

考虑滑坡的三维特征对滑坡推力分布的影响，Li 等（2015）引入了一种三维半扁椭球体模型（图 7.1），来反映滑坡推力的真实情况。图 7.1 中，V 为滑坡体最大厚度，Q_m 为抗滑桩到滑坡后缘的最大水平距离，d 为滑坡沿桩分布截面的宽度，x 为截面 J 到主滑截面的距离，$2n$ 为截面 J 处滑体的厚度，m 为截面 J 沿 y 轴的距离。

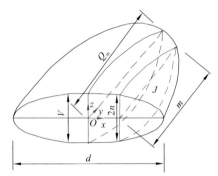

图 7.1 半扁椭球体模型（Li et al.，2015）

根据此模型，距离原点 x 处的任意纵剖面沿着 y 轴方向的距离 m（图 7.2）可以表示为

$$m = Q_m \cdot \sqrt{1 - \frac{4x^2}{d^2}} \qquad (7.1)$$

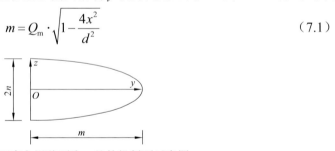

图 7.2 距离主滑移面为 x 处的纵剖面示意图

对斜坡稳定性与推力计算理论的研究表明，滑坡推力和滑坡纵截面的几何特征存在一定的关系，由此提出滑坡尺度因子这一概念来解释这种现象。滑坡尺度因子定义为原始斜坡模型高度与实际计算斜坡模型高度之间的比值（李长冬 等，2010，2009），如式（7.2）所示：

$$\xi = \frac{Q_m}{m} \qquad (7.2)$$

根据 Li 等（2015）关于滑坡推力和滑坡尺度因子关系的研究，与主滑纵剖面距离为 x 处的滑坡推力可以表达为

$$q(x) = q_{max}\left(1 - \frac{4x^2}{d^2}\right) \qquad (7.3)$$

式中：q_{max}为主滑纵剖面的滑坡推力，kN/m；d为滑坡沿桩分布截面的宽度，m；$q(x)$为与主滑纵剖面距离为x处的滑坡推力，kN/m。

但是，按均一型函数模型计算滑坡推力不一定完全符合实际工程情况。基于一般滑坡推力分布的实际特征，可建立如图 7.3 所示的模型，将滑坡体按具体的形态特征进行分区（假设可分为三个子区），在每个子区内按半扁椭球体模型进行推力计算，可将滑坡推力的表达式用分段函数进行表示（Liu et al.，2018）：

$$q(x) = \begin{cases} q_{1max}\left(1 - \dfrac{4x^2}{d_1^2}\right) & (0 \leqslant x < X_1) \\[3mm] q_{2max}\left(1 - \dfrac{4x^2}{d_2^2}\right) & (X_1 \leqslant x \leqslant X_2) \\[3mm] q_{3max}\left(1 - \dfrac{4x^2}{d_3^2}\right) & (X_2 < x \leqslant X_3) \end{cases} \qquad (7.4)$$

式中：q_{1max}、q_{2max}和q_{3max}分别为三个子区主滑纵剖面的滑坡推力；d_1、d_2和d_3分别为每个子区符合半扁椭球体模型的滑坡沿桩分布截面的宽度。

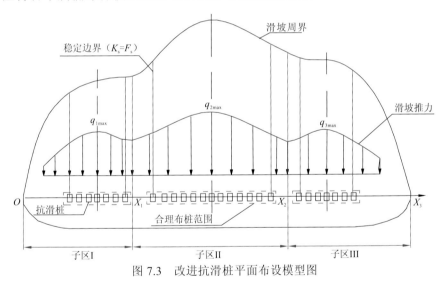

图 7.3 改进抗滑桩平面布设模型图

7.1.2 抗滑桩合理布设范围的确定

一般典型的滑坡形态呈圈椅状，其滑坡推力多呈抛物线形分布，即呈现"中间大，两边小"的特征（Li et al.，2015；戴自航，2002）。因此，一般滑坡中部推力最大，稳定性系数最小，而越往滑坡周界两边，稳定性系数越大。研究表明，在滑坡受到抛物线形推力作用下，沿着往滑坡周界两边方向（图 7.3 所示x轴正、负方向）存在一个临界点，该点处稳定性系数和安全系数相等。因此，小于临界点的范围内稳定性系数小于安全系数，处于失稳状态，需要进行支挡；而超过临界点的滑坡范围内稳定性系数大于安全系数，处于稳定状态，不再需要进行支挡。这个点所处的位置称为稳定边界（Li et al.，2015），因此只要求得稳定边界，即可知道抗滑桩合理布设范围（图7.3）。

根据式（7.1）和式（7.2）可以求得

$$x = \frac{d}{2} \cdot \sqrt{1 - \frac{1}{\xi^2}} \qquad (7.5)$$

根据上述分析，稳定性系数和安全系数相等时的位置为稳定边界，即

$$K_s = F_s \qquad (7.6)$$

此外，利用滑坡尺度因子改进后的 Fellennius 条分法求解稳定性系数的计算公式为

$$K_X = \frac{\sum \left[\frac{1}{\xi^2}(W_i \cdot \cos\alpha_i - U_i) \cdot \tan\varphi_{si} + \frac{1}{\xi} \cdot c_{si} \cdot l_i \right]}{\sum \left[\frac{1}{\xi^2} W_i \cdot \sin\alpha_i \right]} \qquad (7.7)$$

根据式（7.5）和式（7.6）即可求得滑坡尺度因子 ξ 的值。然后代入式（7.5）即可求得 x 的值，即稳定边界的位置（图7.3）。

7.1.3　合理桩间距的确定

诸多学者通过对抗滑桩与滑坡体相互作用机理的研究，提出了考虑抗滑桩与滑坡体相互作用机理的土拱效应模型，包括端承土拱和摩擦土拱，如图7.4所示，图7.4中 q 为均布滑坡推力，b_P 为抗滑桩横截面的宽度，L_p 为抗滑桩桩心距，S 为相邻桩的净距。根据该理论模型对桩间土拱效应进行研究，结果表明：当两抗滑桩之间的土体受到滑坡推力作用时，土体将推力的大部分或全部传递到两侧的抗滑桩上，由桩侧摩阻力支撑滑坡推力；当桩侧摩阻力之和大于或等于滑坡有效推力时，滑坡停止向前滑动，相邻抗滑桩间的土拱便得以形成。此外，Wang 等（2001）提出了滑坡推力传递过程中无能量损耗和桩侧摩阻力承担桩间全部滑坡推力的假定。Li 等（2015）综合以上成果，求得任意第 $i+1$ 个和第 i 个抗滑桩之间的最大桩间距 $S_{i\max}$，表达为

$$S_{i\max} = \frac{c \cdot a_P \cdot (2H+1)}{q(x) \cdot (1 - \tan\varphi) - \gamma_u \cdot H \cdot (\cos\theta_s \cdot \tan\theta_s - \sin\theta_s)} \qquad (7.8)$$

式中：a_P 为抗滑桩截面的高度，m；H 为滑动面以上抗滑桩的长度，m；$q(x)$为距离主滑纵剖面 x 处的滑坡推力，kN；γ_u 为单位滑体的重量，kN/m；θ_s 为抗滑桩处滑动面的倾角，(°)。

考虑安全系数（F_s）和结构重要性系数（χ），可对最大桩间距进行优化，优化后的合理桩间距可以表达为

$$S_{ir} = \frac{S_{i\max}}{F_s \cdot \chi} \qquad (7.9)$$

任意计算位置 x 的表达式为

$$x_i = \frac{b_P}{2} + b_P \cdot (i-1) + \frac{S_{ir}}{2} + \sum_1^i S_{(i-1)r} \qquad (7.10)$$

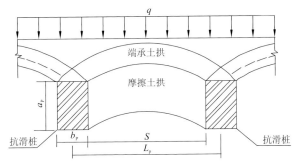

图 7.4　抗滑桩与滑坡体相互作用机理模型（Li et al.，2013）

联合式（7.3）、式（7.8）～式（7.10）可递推求出任意计算位置 x 处的合理桩间距为

$$S_i = \frac{c \cdot a_p \cdot (2H+1)}{q_{max}\left(1 - \dfrac{4x_i^2}{d^2}\right) \cdot (1 - \tan\varphi) - \gamma_u \cdot H \cdot (\cos\theta_s \cdot \tan\theta_s - \sin\theta_s)} \tag{7.11}$$

根据求得的不等桩间距，可将抗滑桩在合理布设范围内按不等桩间距原理进行布设，如图 7.3 所示。

7.2　工程案例

7.2.1　工程地质条件

贵州某高速公路滑坡位于贵州黄平县，平面位置图如图 7.5 所示。该处属冲蚀河谷地貌，地形起伏大，地势北高南低，北侧山体最高 890 m，南侧山体最低 770 m，山顶与路堑设计高差约为 80 m，斜坡自然坡度为 15°～25°。该处公路修建过程中，受到开挖和降雨等诱发因素的作用，先后多次发生滑动，形成滑坡地质灾害。

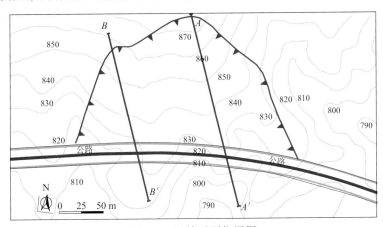

图 7.5　滑坡平面位置图

地质调查和探孔资料显示，滑坡体垂向地层分布为坡积成因粉质黏土（Q_4^{dl}）、第四系素填土（Q_4^{me}）、坡积成因块石（Q_4^{dl}），下伏基岩为下奥陶统桐梓组（O_1t）泥岩（上部强风化，下部中风化）、少量白云质灰岩（上部全风化，下部强风化）及中寒武统高台组（ϵ_2g）强风化白云岩。根据区域构造，路堑位于金坑断裂带附近。在金坑附近，因地层相对错动尚发育有一组低序次的北西向张性断层，使工程在该地区的地形地貌、地层岩性复杂化。滑坡区地表水不发育，未见明显地表水体，仅存在斜坡上雨季地表汇水，滑坡周界冲沟较发育，地表汇水面积较大，滑坡体表层土体结构松散，渗透性较好。

7.2.2　滑坡体基本特征

公路建设开挖后形成了高约 60 m 的边坡，暴露出大量的临空面、顺层、软岩和断层破碎带等不良地质条件，在降雨入渗、风化等因素的影响下，边坡稳定性下降。结合现场调查和钻孔资料确定典型剖面，如图 7.6 所示。覆盖层为松散土层，为滑坡的形成奠定了物质基础，同时便于滑坡体上雨水渗入，降低抗剪强度，在强降雨作用下诱发边坡滑动，形成滑坡地质灾害。采用抗滑桩进行支挡，治理滑坡形态呈典型的圈椅状，滑坡后缘沿着主滑纵剖面（A—A' 剖面）至公路的长度为 150 m，沿路线方向滑坡横向宽度为 255 m，位移监测数据表明主滑方向约为 171°。

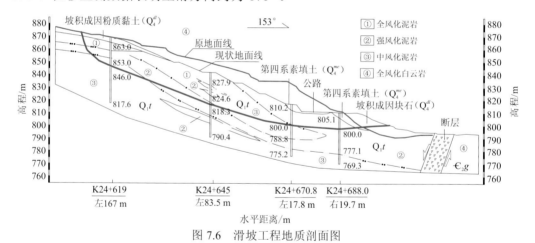

图 7.6　滑坡工程地质剖面图

7.2.3　滑坡稳定性评价

滑坡岩土体物理力学参数参考该项目经验数据、软弱夹层试验数据并结合反演成果综合确定，滑带在暴雨工况下的 c_s 值为 8 kPa，φ_s 值为 15°；滑体在暴雨工况下的 c 值为 20 kPa，φ 值为 32°。根据滑坡形态特征，选取纵剖面 A—A'、B—B' 为计算剖面，根据刚体极限平衡法理论，计算求得剖面 A—A' 和 B—B' 在暴雨工况下的稳定系数，分别为 0.974 和 1.330，故剖面 A—A' 在暴雨工况下处于不稳定状态，而剖面 B—B' 在暴雨工况下处于稳定状态。

7.3　抗滑桩群平面布设方案优化设计

7.3.1　传统的抗滑桩平面布设方案

根据《公路路基设计规范》（JTD D30—2015）（中华人民共和国交通运输部，2015）的要求，高速公路滑坡安全系数在正常工况取 1.2～1.3，在暴雨工况取 1.1～1.2，该边坡前期已有减载、锚索等治理措施，且目前均能正常使用，边坡整体突然滑动可能性小，本次设计安全系数取 1.1，综合确定设计推力取 4 000 kN/m。抗滑桩设置在挡墙后，截面尺寸为 3 m×4 m，桩长为 30 m，锚固段长为 12 m，受荷段长为 18 m，桩中心间距为 5 m。在计算的不稳定区域，按传统的抗滑桩平面设方案等间距进行布设，需 35 根抗滑桩。

7.3.2　滑坡推力分布表达式的计算

结合滑坡形态特征和 7.1.2 小节中提到的抛物线形滑坡推力模型，提出简化的非规则滑坡推力计算模型，如图 7.7 所示（Liu et al.，2018）。

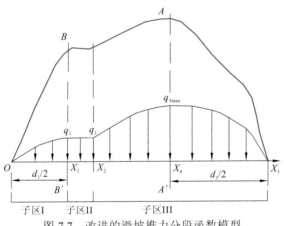

图 7.7　改进的滑坡推力分段函数模型

根据此简化的非规则滑坡推力计算模型，将滑坡体分为三个子区，其中子区 I 和子区 III 按抛物线形滑坡推力进行计算，子区 II 按均布力进行计算，根据式（7.3），每个子区与主滑纵剖面距离为 x 处的滑坡推力可以表达为

$$q(x) = \begin{cases} q_1\left(1 - \dfrac{4x^2}{d_1^2}\right) & (0 \leqslant x < X_1) \\ q_1 & (X_1 \leqslant x \leqslant X_2) \\ q_{3\max}\left(1 - \dfrac{4x^2}{d_3^2}\right) & (X_2 < x \leqslant X_3) \end{cases} \tag{7.12}$$

式中：d_1 为子区 I 抛物线形滑坡推力模型沿抗滑桩排布截面的宽度，m，$d_1 = 2X_1$；d_3 为

子区 III 抛物线形滑坡推力模型沿抗滑桩排布截面的宽度，m，$d_3 = 2(X_3 - X_4)$；q_1 为子区 II 的均布力，也是子区 I 主滑纵剖面 B—B' 的最大推力，kN/m；$q_{3\max}$ 为沿着主滑纵剖面 A—A'、B—B' 的最大推力，kN/m。

可求得

$$q_1 = q_{3\max}\left(1 - \frac{4x^2}{x_0^2}\right) \tag{7.13}$$

式中：$x_0 = X_4 - X_2$。依据 7.2 节滑坡形态，通过式（7.12）可得滑坡推力分布表达式为

$$q(x) = \begin{cases} 1315.98\left(1 - \dfrac{4x^2}{90^2}\right) & (0 \leqslant x < 45) \\[2mm] 1315.98 & (45 \leqslant x \leqslant 70) \\[2mm] 4\,000\left(1 - \dfrac{4x^2}{188^2}\right) & (70 < x \leqslant 231) \end{cases} \tag{7.14}$$

7.3.3 优化后的抗滑桩平面布设方案

结合式（7.4）～式（7.6），代入计算参数，求得子区 III 的 x 值为 67 m，即子区 III 抗滑桩合理布设范围在主滑纵剖面 A—A' 两侧 67 m 的范围内；根据此计算结果和纵剖面 B—B' 的稳定性计算结果，子区 I 和子区 II 均处于稳定状态，不再考虑进行支护。

由式（7.3）、式（7.9）～式（7.14）求得抗滑桩布设合理桩间距和考虑实际工程施工调整后的最终桩间距，如表 7.1 所示。根据求得的抗滑桩合理布设范围和最终桩间距，共需要 25 根抗滑桩，平面布设方案如图 7.8（b）所示。与传统的抗滑桩平面布设方案 [图 7.8（a）] 相比，优化后的方案减少了 10 根抗滑桩，在数量上优化了 27.6%。由此可以看出优化后的方案在保证安全的前提下，经济效益显著。

表 7.1　合理桩间距和最终桩间距计算结果

编号	1	2	3	4	5	6	7	8	9	10	11	12
S_i/m	2.229	2.244	2.274	2.321	2.387	2.478	2.599	2.761	2.982	3.297	3.773	4.588
S_{it}/m	2.026	2.040	2.067	2.110	2.170	2.253	2.363	2.510	2.711	2.997	3.430	4.171
S_{if}/m	2.000	2.000	2.000	2.100	2.100	2.200	2.300	2.500	2.700	3.000	3.400	4.100

7.3.4 计算的理论和实测位移的对比

如图 7.9 所示，J1～J12 表示被排列成两行的地表位移监测点。监测期为 2014 年 12 月～2016 年 12 月，为期两年。监测点的累积地表位移曲线如图 7.10 所示，图中右边的纵轴表示累积地表位移，横轴表示每个监测点沿 x 轴至原点 O 的水平距离。曲线 B 和曲线 C 分别表示第一排（J1～J6）和第二排（J7～J12）现场监测点测得的地表累积位移。

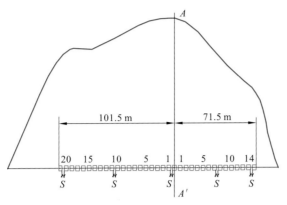

（a）传统的抗滑桩平面布设方案

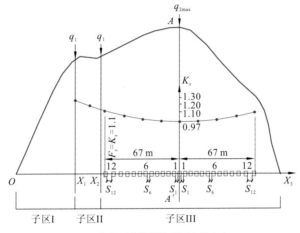

（b）优化后的抗滑桩平面布设方案

图 7.8　抗滑桩平面布设方案对比

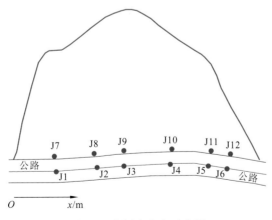

图 7.9　监测点分布示意图

图 7.10 中的曲线 A 表示使用式（7.14）计算的非规则滑坡推力的分布曲线。如图 7.10 所示，以 45 m 和 70 m 为分界点，这三条曲线大致可以分为三个阶段，在水平距离 0～45 m 的范围内，三条曲线呈抛物线状，其值逐渐增大；在 45～70 m 的水平距离范围内，曲线

的值基本保持不变；在水平距离大于 70 m 时，曲线恢复其抛物线形状，其值先逐渐增加，到达一个最大值后又逐渐减小。一般情况下，滑坡推力与累积地表位移之间存在正相关关系。以上分析结果表明，计算的非规则滑坡推力和实际检测的累积地表位移具有可比性。因此，本书提出的非规则滑坡推力计算模型法能够有效且更真实地计算非规则滑坡推力。

此外，在 70～231 m 的水平距离范围内，位移曲线最大值的水平距离小于滑坡推力曲线最大值的水平距离，这主要是由于雨季监测点 J3 和 J9 附近发生了大规模滑塌，造成了较大的位移。

考虑滑坡形态特征，滑体可沿横向分为若干个子区域，可以使用分段函数来表示每个子区域中的非规则滑坡推力的分布。这种分段函数法可以应用于具有以下特征的滑坡：在横向上滑体的形态特征有很大的差异，且滑体在横向上较长。这样，可以清楚地将滑体划分成横向方向上的各个子区域，以实现复杂滑坡推力条件下抗滑桩群平面布设优化。

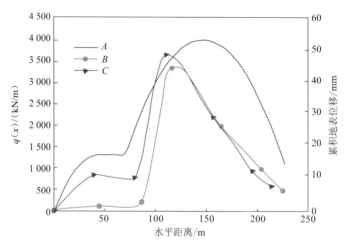

图 7.10　计算的理论推力和累积地表位移的对比

参 考 文 献

戴自航, 2002. 抗滑桩滑坡推力和桩前滑体抗力分布规律的研究[J]. 岩石力学与工程学报, 21(4): 517-521.

冯增朝, 赵阳升, 文再明, 2005. 岩体裂缝面数量三维分形分布规律研究[J]. 岩石力学与工程学报, 24(4): 601-609.

高峰, 钟卫平, 黎立云, 等, 2004. 节理岩体强度的分形统计分析[J]. 岩石力学与工程学报, 23(21): 3608-3612.

胡建华, 许红坤, 罗先伟, 等, 2012. 基于 GSI 的裂隙化岩体力学参数的确定[J]. 广西大学学报(自然科学版), 37(1): 178-183.

胡盛明, 胡修文, 2011. 基于量化的 GSI 系统和 Hoek-Brown 准则的岩体力学参数的估计[J]. 岩土力学, 32(3): 861-866.

贾洪彪, 唐辉明, 刘佑荣, 等, 2008. 岩体结构面三维网络模拟理论与工程应用[M]. 北京: 科学出版社.

焦文秀, 2007. 人工挖孔抗滑桩施工[D]. 北京: 中国地质大学(北京).

李长冬, 唐辉明, 胡新丽, 等, 2009. 区域斜坡空间预测评价中的尺度效应规律研究[J]. 武汉理工大学学报, 31(5): 56-60.

李长冬, 唐辉明, 胡新丽, 等, 2010. 基于土拱效应的改进抗滑桩最大桩间距计算模型[J]. 地质科技情报, 29(5): 121-124.

李世海, 汪远年, 2004. 三维离散元计算参数选取方法研究[J]. 岩石力学与工程学报, 23(21): 3642-3651.

李新强, 杨松青, 汪小刚, 2007. 岩体随机结构面三维网络的生成和可视化技术[J]. 岩石力学与工程学报, 26(12): 2564-2569.

刘静, 2007. 基于桩土共同作用下的抗滑桩的计算与应用研究[D]. 长沙: 中南大学.

刘佑荣, 唐辉明, 2009. 岩体力学[M]. 北京: 化学工业出版社.

龙驭球, 包世华, 袁驷, 2012. 结构力学: 基本教程[M]. 北京: 高等教育出版社.

卢波, 陈剑平, 葛修润, 等, 2005. 节理岩体结构的分形几何研究[J]. 岩石力学与工程学报, 24(3): 461-467.

罗先启, 葛修润, 2008. 滑坡模型试验理论及其应用[M]. 北京: 中国水利水电出版社.

青海九〇六工程勘察设计院, 2005. 湖北省三峡库区秭归县马家沟滑坡防治工程初步设计报告[R]. 西宁: 青海九〇六工程勘察设计院.

三峡库区地质灾害防治工作指挥部, 2014. 三峡库区地质灾害防治工程设计技术要求[M]. 武汉: 中国地质大学出版社.

盛骤, 谢式千, 潘承毅, 2008. 概率论与数理统计[M]. 4 版. 北京: 高等教育出版社.

宋彦辉, 丛璐, 2014. 基于 GSI 的岩体变形模量和扰动系数估计[J]. 应用基础与工程科学学报, 22(1):

27-34.

王贵君, 2005. 节理裂隙岩体中大断面隧洞围岩与支护结构的施工过程力学状态[J]. 岩石力学与工程学报, 24(8): 1328-1334.

王涛, 陈晓玲, 于利宏, 2005. 地下洞室群围岩稳定的离散元计算[J]. 岩土力学, 26(12): 1936-1940.

王新刚, 胡斌, 王家鼎, 等, 2015. 基于 GSI 的 Hoek-Brown 强度准则定量化研究[J]. 岩石力学与工程学报, 34(S2): 3805-3812.

谢和平, 1997. 分形-岩石力学导论[M]. 北京: 科学出版社.

徐黎明, 王清, 陈剑平, 等, 2011. 三维节理岩体分形维数与 RQD 相关性研究[J]. 岩石力学与工程学报, 30(S1): 2667-2674.

徐邦栋, 2001. 滑坡分析与防治[M]. 北京: 中国铁道出版社.

徐伟, 胡新丽, 黄磊, 等, 2012. 结构面三维网络模拟计算 RQD 及精度对比研究[J]. 岩石力学与工程学报, 31(4): 822-833.

虞铭财, 杨勋年, 汪国昭, 2004. 整体最优双圆弧拟合[J]. 高校应用数学学报, 19(2): 225-232.

雍睿, 2014. 三峡库区侏罗系地层推移式滑坡-抗滑桩相互作用研究[D]. 武汉: 中国地质大学(武汉).

詹红志, 王亮清, 王昌硕, 等, 2014. 考虑滑床不同地基系数的抗滑桩受力特征研究[J]. 岩土力学, 35(S2): 250-256.

章广成, 2008. 复杂裂隙岩体等效力学参数及工程应用研究[D]. 武汉: 中国地质大学(武汉).

张青宇, 2011. 三峡库区典型顺层岸坡变形破坏机制及稳定性研究[D]. 成都: 成都理工大学.

张彦洪, 柴军瑞, 2009. 考虑渗流特性的岩体结构面分形特性研究[J]. 岩石力学与工程学报, 28(S2): 3423-3429.

张永杰, 曹文贵, 赵明华, 2011. 基于区间理论与 GSI 的岩质边坡稳定可靠性分析方法[J]. 土木工程学报, 44(3): 93-100.

赵小平, 裴建良, 戴峰, 等, 2014. 裂隙岩体内 3 维裂隙体的分形描述[J]. 工程科学与技术, 46(6): 95-100.

中村浩之, 王恭先, 1990. 论水库滑坡[J]. 水土保持通报(1): 53-64.

中华人民共和国铁道部, 2019. 铁路路基支挡结构设计规范: TB 10025—2019[S]. 北京: 中国铁道出版社.

中华人民共和国建设部, 2009. 岩土工程勘察规范(2009 年版): GB 50021—2001[S]. 北京: 中国建筑工业出版社.

中华人民共和国交通运输部, 2015. 公路路基设计规范: JTG D30—2015[S]. 北京: 人民交通出版社.

周福军, 陈剑平, 徐黎明, 等, 2012. 基于岩体不连续面三维分形维岩体质量评价研究[J]. 岩土力学, 33(8): 2315-2322.

BRUCE G H, PEACEMAN D W, JR RACHFORD H H, et al., 1953. Calculation of unsteady-state gas flow through porous media[J]. Journal of petroleum technology, 5(3): 79-92.

CUNDALL P A, STRACK O D L, 1979. A discrete numerical mode for granular assemblies[J]. Géotechnique, 29(1): 47-65.

HOEK E, BROWN E T, 1980. Empirical strength criterion for rock masses[J]. Journal of geotechnical and geoenvironmental engineering, ASCE, 106(GT9): 1013-1035.

HOEK E, BROWN E T, 1997. Practical estimates of rock mass strength[J]. International journal of rock mechanics and mining sciences, 34(8): 1165-1186.

HOEK E, MARINOS P, 2020. Predicting tunnel squeezing problems in weak heterogeneous rock masses[J]. Tunnels and tunnelling international, 32(11): 45-51.

HUANG F, ZHU H H, XU Q W, et al., 2013.The effect of weak interlayer on the failure pattern of rock mass around tunnel-scaled model tests and numerical analysis[J]. Tunnelling and underground space technology, 35(35): 207-218.

LI C D, TANG H M, HU X L, et al., 2013. Numerical modelling study of the load sharing law of anti-sliding piles based on the soil arching effect for Erliban landslide, China[J]. KSCE journal of civil engineering, 17(6): 1251-1262.

LI C D, WU J J, TANG H M, et al., 2015. A novel optimal plane arrangement of stabilizing piles based on soil arching effect and stability limit for 3D colluvial landslides[J]. Engineering geology, 195: 236-247.

LI C D, WU J J, TANG H M, et al., 2016. Model testing of the response of stabilizing piles in landslides with upper hard and lower weak bedrock[J]. Engineering geology, 204: 65-76.

LI C D, WANG X Y, TANG H M, et al., 2017. A preliminary study on the location of the stabilizing piles for colluvial landslides with interbedding hard and soft bedrocks[J]. Engineering geology, 224: 15-28.

LI C D, YAN J F, WU J J, et al., 2019b. Determination of the embedded length of stabilizing piles in colluvial landslides with upper hard and lower weak bedrock based on the deformation control principle[J]. Bulletin of engineering geology and the environment, 78(2): 1189-1208.

LI C D, FU Z Y, WANG Y, et al., 2019a. Susceptibility of reservoir-induced landslides and strategies for increasing the slope stability in the Three Gorges Reservoir area: Zigui Basin as an example[J]. Engineering geology, 261: 1-20.

LIU W Q, LI Q, LU J, et al., 2018. Improved plane layout of stabilizing piles based on the piecewise function expression of the irregular driving force[J]. Journal of mountain science, 15(4): 871-881.

MANDELBROT B B, 1983. The fractal geometry of nature[M]. New York: WH Freeman.

MILLER R P, 1965. Engineering classification and index properties for intact rock[D]. Urbana：University of Illinois.

MOOMIVAND H, 2011. Development of a new method for estimating the indirect uniaxial compressive strength of rock using Schmidt hammer[J]. BHM Berg-und hüttenmännische monatshefte, 156(4): 142-146.

SHARMA P K, KHANDELWAL M, SINGH T N, 2011. A correlation between Schmidt hammer rebound numbers with impact strength index, slake durability index and P-wave velocity[J]. International journal of earth sciences, 100(1): 189-195.

SONMEZ H, ULUSAY R, 1999. Modifications to the geological strength index(GSI) and their applicability to stability of slopes[J]. International journal of rock mechanics and mining sciences, 36(6): 743-760.

TANG H M, ZHANG Y Q, LI C D, et al., 2016. Development and application of in situ plate-loading test apparatus for landslide-stabilizing pile holes[J]. Geotechnical testing journal, 39(5): 757-768.

TANG H M, WASOWSKI J, JUANG C H, 2019. Geohazards in the Three Gorges Reservoir area, China-lessons learned from decades of research[J]. Engineering Geology, 261: 1-16.

WANG C, CHEN Y, LIN L, 2001. Soil arch mechanical character and suitable space between one another anti-sliding pile[J]. Journal of mountain research, (6): 556-559.

YAO W M, LI C D, ZUO Q J, et al., 2019. Spatiotemporal deformation characteristics and triggering factors of Baijiabao landslide in Three Gorges Reservoir region, China[J]. Geomorphology, 343: 34-47.

ZHOU Z L, CAI X, CAO W Z, et al., 2016. Influence of water content on mechanical properties of rock in both saturation and drying processes[J]. Rock mechanics and rock engineering, 49(8): 3009-3025.